這樣隔間不後悔

有比
有真相版

從動線、坪效、採光、收納到家人相處，只要做對 8 件事，
你會感謝自己一輩子！

原點編輯部　著

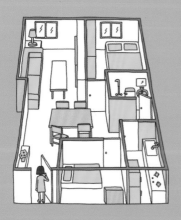

U0011175

Ⅰ○○ 原點

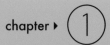

chapter ▶ ①

隔間基本觀念

chapter ▶ ②

好隔間，有方法

| Point1. 使用坪效 | 042 |

| Point2. 家人相處 | 064 |

| Point3. 生活動線 | 080 |

| Point4. 特殊機能 | 096 |

006　Point1　格局規劃流程 Step by step
010　Point2　看懂平面圖標示符號
012　Point3　9 大 NG 格局大檢視
018　Point4　過與不及皆 NG！你該知道的空間最適尺寸
　　　　　　　018　Space1　客廳
　　　　　　　022　Space2　玄關
　　　　　　　024　Space3　餐廳
　　　　　　　026　Space4　廚房
　　　　　　　029　Space5　臥房
　　　　　　　032　Space6　浴室
　　　　　　　035　Space7　行走空間
037　【BOX】　30、60、90 快速隔間法

▶ 機能合併
044　Case1　20 坪商務出租房變身小家庭機能宅
046　Case2　凸窗平台切出完善的餐廚空間兼工作區
048　Case3　可伸可縮的一大房，用移動牆瞬間切換角色
▶ 走道應用
050　Case4　走廊也是書房，過道變成情感交流的中繼站
052　Case5　十字走道合併書房，完成凝聚力空間
054　Case6　老倉庫新生，活用壁面凹凸補充機能
▶ 積木堆疊
056　Case7　用 2+2 房概念，實現家族大滿足的度假小屋
058　Case8　閱讀、待客、練舞，用 3 個獨立複層一次滿足
060　Case9　利用落差在 19 坪內切出一屋兩書房
062　Case10　借高低結構順勢推演出趣味 Loft

▶ LDK 圍塑
066　Case1　用餐桌串起全家人活動，生活如一場派對
068　Case2　廚房、書房、陽台全改造，增進親子共享時光
070　Case3　廚房切牆，開啟愉快料理時光
072　Case4　客餐廳負關係，從一個階梯開始改變
▶ 誘導聚集
074　Case5　客廳借用書房概念，每個角落都是讀書席
076　Case6　書房併入大客廳，誘導家人齊聚一堂
078　Case7　房間配置角落，打造吸引人的中央小廣場

▶ 迴遊串聯
082　Case1　用 U 軸柔化稜角，翻轉出雙動線飯店套房
084　Case2　運用三大動線，設計動靜皆宜的遊憩宅
086　Case3　浴室走道化，12 坪套房也能擁有雙動線
088　Case4　牆線退讓 3 米，完成餐桌為中心的環狀走道
▶ 家務輕鬆
090　Case5　從烹煮到上菜，一字動線快速完成
▶ 雙門捷徑
092　Case6　開闢 2 條自然捷徑，連狗狗都能開心奔跑
094　Case7　主客動線分離，親密時光不受打擾

▶ 工作交誼
098　Case1　客廳架高走廊，變成朋友專屬 VIP 電影院
100　Case2　客臥收放自如，交誼分區彼此更熟絡
102　Case3　牆壁 Plus 弱電設備，打造移動工作站
104　Case4　以十年轉型為考量，複合工作室的家

> 興趣專屬
106 Case5 餐櫃隱藏摺疊桌，翻出男主人專屬製圖室
108 Case6 木造書臥榻，打造天童木工 Style 茶屋
110 Case7 用家具營造角落，客廳混搭咖啡館更迷人

Point5. 通風採光　　112

> 天井置入
114 Case1 邊間透天，一坪留白做出內天井
118 Case2 室內天井中庭，讓長型街屋重見天日
> 孔隙呼吸
120 Case3 退出 3 條風道，導入氣流驅走山宅濕氣
> 透光之壁
123 Case4 棄無效採光，打開 L 轉角，深引有效採光
124 Case5 轉角玻璃盒化解沉悶陰暗的長廊
126 Case6 巧妙配房，高效運用有限採光面積
128 Case7 大量玻璃隔間，解決 1.5 面弱光條件和暗房窘境

Point6. 收納計劃　　130

> 超複合牆
132 Case1 分散預留大型收納，電器不再無家可歸
134 Case2 活用雙面櫃，衣物收納一次到位
136 Case3 滑櫃雙倍擴充，內藏書、外陳列
> 畸零活用
138 Case4 一櫃多元化，死角也能大運用
142 Case5 儲櫃填補壁凹，修飾收納一次搞定
> 板下擴充
144 Case6 衣櫃替代樓梯，複層下方全是收納

Point7. 放鬆氛圍　　146

> 視野延伸
148 Case1 高低桌相連，拉闊客廳最大尺度
150 Case2 TV 牆減縮如壁爐，不擋大窗綿延景
> 美型陽台
152 Case3 一桌串聯室內外，花園用餐不是夢

Point8. 健康風水　　154

> 漸進緩衝
156 Case1 大門避開樓梯，穩定家中氣場
158 Case2 弧形玄關藝廊概念，化解陽台落地窗沖煞問題
160 Case3 讓「廚房感」消失，開門見灶另類解法
> 化解壓迫
162 Case4 壓樑與對門煩惱，用壁材拉齊隱藏勾銷

chapter ▶ ③
跟著設計師學隔間

> 單身自由家
166 Case1 迂迴動線 切出可居可游的單身格局
174 Case2 虛實暗示 盛放女性特質的好運宅
> 兩人新生活
182 Case3 移動牆 & 空間串聯 推演兩人到四人的空間變化
190 Case4 自由平面 減去隔間、增親密的老家新生術
> 共伴成長宅
198 Case5 修正角度 將幸福生活要素化零為整
206 Case6 移動隔間 把家化為孩子嬉戲的大操場
> 長者樂活屋
214 Case7 無牆超展開 預備無拘無束的後熟齡生活
222 Case8 環狀迴遊 擁抱親密無障礙的家族之宅

appendix ▶ **附錄**

230 **Point1** 隔間材料 & 工法
236 **Point2** 基礎工程估價

chapter

1

隔間基本觀念

格局規劃流程 Step by step

　　需要一間書房、浴室要有乾濕分離、小孩玩具要收整齊、這道牆改成玻璃的好了……對著一張空白的平面圖，腦中不斷浮出零零總總的問題，平面設計要思考的層面何其多，常常讓人越想越複雜，腦袋簡直要當機了！

　　設計是一件令人興奮的工作，但如果搞錯先後順序或本末倒置，一開始就急著畫收納櫃、或擺入家具，那麼設計的時候就容易有綁手綁腳的感覺，腦袋思考也很難施展開來。若能參考設計師的工作方式，有條不紊的釐清問題，從「需求討論」、「空間丈量」、「限制規範」，然後才進入更詳細的「初步配置」、「收納規劃」一步一步按照思考邏輯想下來，規劃起格局會更加有趣，也更容易激盪出創意。

Step 01

家族會議，列出心中的希望清單

在開始或重新裝修設計之前開個家族會議，每個人盡可能提出現況喜歡與不喜歡的地方，或是對未來的家想要與不要想的地方，然後整理出清單來！並且仔細填妥家中的生活習慣，讓設計者可以充分理解需求，同時將希望清單依照屬性歸納到各空間，做為設計平面的參考。

家庭成員需求表

居住成員統計	爸爸 40 歲、媽媽 35 歲、姐姐 10 歲、弟弟 7 歲、奶奶 63 歲
全家人身高	爸爸 180cm、弟弟 110cm、媽媽 158cm、姐姐 130cm、奶奶 155cm
電視訊號（MOD／衛星小耳多／有線電視／數位 TV）	MOD
要繼續使用的家電與家具尺寸	37 吋液晶電視、雙門冰箱、標準雙人床 2 張、洗衣機、烘衣機、四人餐桌
使用 PC、NB、PRINTER 的位置	目前都在客廳，以後希望可以在共用書房
上網方式（有線、無線）	無線上網，有用 iPad
清掃方式（吸塵器／掃地機器人／拖地／掃把／除濕機）	掃地機器人＋拖地
健康狀況（過敏／行動不便／照護問題）	小朋友鼻子過敏、奶奶膝關節不好
習慣洗澡方式（泡澡／淋浴）	較常淋浴，姐姐希望偶爾能泡澡
對舊家收納想法	不夠用。媽媽的鞋子都擺在玄關外、主臥室衣櫃希望再增加一座、爸爸希望有拼布櫃、爸爸拍的作品希望能掛出來、增加防潮箱位置…
料理習慣	媽媽與奶奶輪流下廚，姐姐偶爾幫忙
用餐習慣	吃飯會看新聞
是否有特殊興趣與嗜好	爸爸迷上相機、姐姐學鋼琴、奶奶喜歡玩拼布

Step 04

了解限制，平面裡隱藏著遊戲規則

老屋翻修不比蓋房子，無法任意改變房子的形狀或結構，因此建議丈量時一併標記冷氣落水口、通風口、廁所糞管、廚房進排水、抽油煙管出風口、瓦斯管線等位置，並記下哪些是可以被移動、哪些則不可以；而窗戶、陽台或外牆是否可變更都要詳查法規與社區管理條例。戶外的環境也必須列入重要考量，位在高架橋、大馬路或市場附近的房子，噪音問題必須列入評估，倘若房子的窗戶基本上不能（常）開的狀況，只能採光無法通風，那麼導入全熱交換機來改善換氣，一開始就必須列入考量，設計時得留意主機與管道間位置。

常見的隔間設計限制

↘ 廚房抽油煙機距離出風口不超過300公分，轉折點不超過3處（超過300公分可加裝中繼馬達補強吸力）

↘ 陽台不得外推

↘ 糞管移動牽涉到工法（請見P230），若以墊高法施工，糞管直徑約15公分，以洩水坡度1/100計算，移動3公尺高低落差就約18公分，若再加高走起來就感覺吃力。

↘ 天然氣管線移動必須請瓦斯公司施工勘驗。

Step 03

打底稿，畫出原始屋況平面

依照丈量出來的數據畫出1/100的原始平面圖，完成的平面圖不妨也標上樑線，如果恰好可以將高櫃或牆放在樑下來隔間，可以省下不少成本，也可以減少收樑問題，這些都可在進行初步平面設計時納入思考。

Step 02

丈量空間，摸透房子的身段尺寸

丈量除了包括牆壁之間的距離外，還要仔細測量地板到天花板的高度、樑下的高度，以及門窗的位置。特別要注意，絕不可敲除的樑、柱、牆一定要清楚標示出來，老屋經常會遇到結構問題，以及部分牆面屬於承重牆，這部分建議請專家勘查，以免不慎敲除，影響結構安全，若隨意變更大樓主結構，還可能吃上官司。

Step 05

善用客變，早想好、早動手、早省錢

這個步驟只發生在購買預售屋的狀況，客變的重點在於隔間格局、水電管線、廚浴設備、鋪面材質四大部分。如果在房子客變之前便開始著手設計，牆面、門洞高度可依照需求調整，電視、電話、網路、瓦斯管線、空調等的出線位置可按照設計圖調動，甚至不需要的地板、磁磚、衛浴設備或廚具則可退回減帳，這些都可減少日後拆除變更的成本花費。

Step 06

組合配置，在描圖紙上勾勒出家的樣子

在原始平面圖蓋上半透明的描圖紙，依照家庭成員的想法、環境與氣候特性等條件，以簡單幾何圖形初步定位空間。通常，在此階段可以盡量畫出幾種不同方案，再逐一討論每個配置的優缺點，評估眾多希望清單中哪些是首要條件、哪些是次要條件、哪些空間可合併，直到找出最接近理想的方案。

▼

Step 07

初步定稿，計算尺寸畫出平面雛形

在平面圖上打上尺寸格子，參考最小基本尺寸，逐一考慮每個空間需要的家具與櫃體，拿捏出每個空間的大小，並將夢想輪廓化為實際圖面。
（請見P037）

▼

Step 08

收納計劃，精確拿捏細部尺寸

雖然討論平面時已經初步畫下每個空間需要的收納櫃，如衣櫃、廚櫃、儲藏室、書櫃等，但這對於收納計劃來說，卻只是概略的第一步。此階段則是以表格方式，進行家中所有物件的大調查，然後依據量化數據，將原本粗略放的櫃體、儲藏室，精確計算出長度、深度與高度，並且決定立面分割方式。

▼

Step 09

夢想家勾勒完成！接下來才是真正的考驗……

夢想家的設計圖完成了，但接下來還得進入落實夢想的實際步驟！必須將平面化為施工圖，木作或櫃體部分甚至得要有詳細的立面圖，決定所要用的建材與工法（請見P230），然後再將這些圖面發給各個不同工種的廠商估價（也可尋找信賴統包廠商整合處理），通常會在建材與預算間進行幾次來回，找到滿意的平衡點，然後就可依正確施工圖，著手發包工程。

收納&櫃子尺寸需求總檢視

玄關

爸爸鞋子	_____ 雙	_____ 公分
媽媽鞋子	_____ 雙	_____ 公分
小孩鞋	_____ 雙	_____ 公分
長統靴	_____ 雙	_____ 公分
單車	_____ 輛	
嬰兒車（是／否）	_____ 台	

客廳

電視（座式／壁掛）	_____ 台	_____ 吋
視聽設備	_____ 台	_____ 公分
投影機	_____ 台	
喇叭	_____ 個	_____ 公分
CD	_____ 片	
DVD	_____ 片	
遊戲主機	_____ 台	
特殊收藏	_____ 個	_____ 公分

餐廳

電視（座式／壁掛）	_____ 台	_____ 吋
飲水設備（熱水壺、濾水器）	_____ 台	_____ 公分
酒櫃（是／否）	_____ 個	_____ 公分
CAFÉ 器具（義式咖啡機／塞風壺／磨豆機）	_____ 座	_____ 公升
杯子	展　示 _____ 只 不展示 _____ 只	_____ 公分
盤子	展　示 _____ 枚 不展示 _____ 枚	_____ 公分
碗	_____ 個	_____ 公分

廚房

冰箱（單門／雙門）	_____ 台	_____ 公升
微波爐（是／否）	_____ 台	_____ 公升
烤箱（是／否）	_____ 台	_____ 公升
烤麵包機（是／否）	_____ 台	
氣炸鍋（是／否）	_____ 台	
調理機（是／否）	_____ 台	_____ 公升
烘碗機（獨立式／嵌入式）	_____ 台	_____ 公升
洗碗機（是／否）	_____ 台	_____ 公升
鍋具（炒鍋／平底鍋／湯鍋）	_____ 只	
攪麵機（是／否）	_____ 台	
常用醬料香料	_____ 瓶	
其他特殊料理或烘焙器具	_____ 台	

書房

防潮箱（是／否）	_____ 個	_____ 公分

書籍	文庫本 _____ 本 普通開本 _____ 本 雜　誌 _____ 本 特殊開本 _____ 本	_____ 公分
電腦設備類型（筆電／桌機／一體成型電腦）	_____ 台	
印表機（是／否）	_____ 台	

浴廁

沐浴用品	_____ 瓶	
保養品	_____ 瓶	
毛巾	備　用 _____ 條 常吊掛 _____ 條	
書報架（是／否）	_____ 個	
美髮（容）設備	_____ 個	

臥房

衣物	長吊掛衣物 _____ 件 短吊掛衣物 _____ 件 摺疊衣物 _____ 件 其他衣物 _____ 件
配件	皮　帶 _____ 條 珠　寶 _____ 件 手　錶 _____ 只 太陽眼鏡 _____ 件 帽　子 _____ 頂

包包（公事／皮包／書包）	_____ 個	
瓶罐（化妝品／保養品）	_____ 瓶	
保險箱（是／否）	_____ 個	
小型音響（是／否）	_____ 台	
書籍	文庫本 _____ 本 普通開本 _____ 本 雜　誌 _____ 本 特殊開本 _____ 本	_____ 公分
特殊收藏	_____ 個	

小孩房（除了臥房要件）

文具	_____ 樣	
玩具	_____ 件	
書籍	_____ 本	_____ 公分
樂器（是／否）	_____ 本	
電腦設備（是／否）	_____ 台	
小型音響（是／否）	_____ 台	
特殊收藏或展示作品	_____ 件	

儲藏室

相本	_____ 本
工作梯（是／否）	_____ 個
燙衣板（是／否）	_____ 個
工具箱（是／否）	_____ 個
備用棉被	_____ 套
旅行箱	_____ 個
其他	_____ 個

看懂平面圖標示符號

圖片、資料提供／馥閣設計、德力設計

　　人與人的溝通，藉由語言或文字表達，在室內設計的專門領域中，平面圖則是溝通設計思考不可或缺的工具，而平面圖上也發展出一套屬於自己的「國際語言」。在平面圖上，不同的窗戶、門、櫃子或者鋪面都有特定的標示方法，只要理解符號的意義，就能讀懂平面圖，對於思考平面或與設計師溝通上，可以提供很大的幫助！

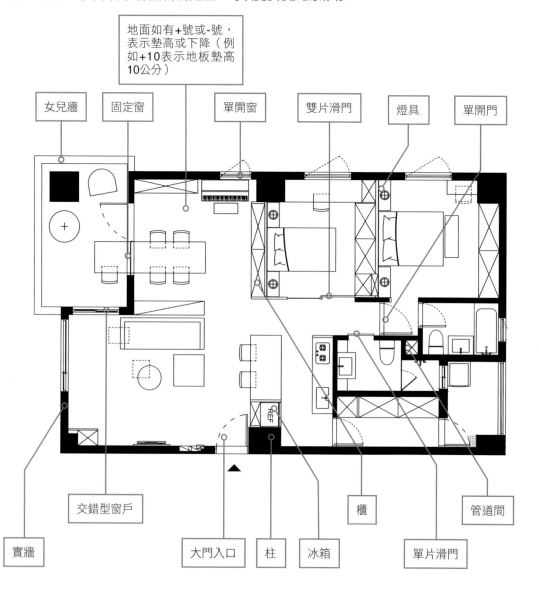

地面如有+號或-號，表示墊高或下降（例如+10表示地板墊高10公分）

女兒牆　固定窗　單開窗　雙片滑門　燈具　單開門

交錯型窗戶

實牆　大門入口　柱　冰箱　單片滑門　管道間

櫃

更多「門」的平面圖符號說明

三片滑門

三片可左右滑動的滑門

雙片滑門
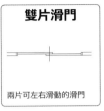
兩片可左右滑動的滑門

子母門

兩片門一寬一窄，平常使用較寬的門

雙開門

左右兩片皆可開關的門

單開門

向左或向右開口的門

雙片摺疊門
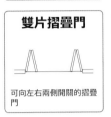
可向左右兩側開關的摺疊門

摺疊門
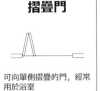
可向單側摺疊的門，經常用於浴室

摺疊式活動拉門

可伸縮開關的摺疊式活動拉門

隱藏式滑門

可隱藏至牆壁中的滑門

單片滑門

單片可左右滑動開關的滑門

更多「窗」的平面圖符號說明

含窗格之窗戶

外側設有窗格子的窗戶

固定窗

無法開啟的窗戶類型

雙開窗

左右兩片皆可開關的窗戶

單開窗
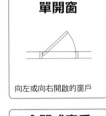
向左或向右開啟的窗戶

交錯型窗戶
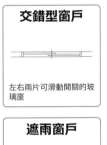
左右兩片可滑動開關的玻璃窗

天窗 (Top Light)

安裝於天井的窗戶

外凸窗

突出於建築物外牆之外的窗戶

角窗

在牆壁轉角部位嵌入玻璃的窗戶

全開式窗戶

可向左右及向外摺疊，完全開啟的窗戶

遮雨窗戶

在窗戶側向加裝遮雨板

更多其他平面圖符號說明

走道式衣櫥
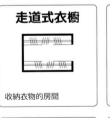
收納衣物的房間

地磚、磁磚
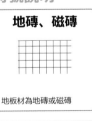
地板材為地磚或磁磚

榻榻米

使用榻榻米鋪設於地面

樓梯
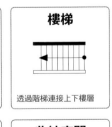
透過階梯連接上下樓層

挑高天井

2樓以上未設置地板的部分

馬桶

西式馬桶

水槽

廚房流理台（水槽）

爐具

加熱調理護具

收納空間

收納物品的空間

浴缸

一般單人浴缸

9 種常見 NG 格局大檢視

文／李佳芳

　　三房兩廳有和室、有廚房、兩間廁所，主臥還有更衣室……看似超完美的格局，實際上真如所想？滿心歡喜住進去，不久卻帶著平面圖逃出來的屋主還真不少，房子住起來卻不順，你可知問題到底出在哪？

　　準備裝修或下手買屋之前，建議先進行九項常見問題格局檢視，提前摸透房子的特性，避免住進頭痛屋，日後必須花大把銀子改格局。當然，如果能早發現、早改正，才能早點迎接幸福生活！

NG 01　我家的窗戶不受「風」的歡迎

通風的重點在於對流，而非開越多窗越好。格局設計不光思考人的動線是否順暢，風的動線也很重要。風會尋找最小距離直線前進，它沒辦法像人一樣可以轉身，用同一個開窗就能同時進與出，要創造風的動線必須要同時兩個對外窗，一個做為入口、一個做為出口。其次，風行徑時會選擇最短的直線路線來走，如何判斷平面圖是否有良好通風路徑，可用尺在窗與窗之間拉直線，觀察是否直線有被阻斷的現象。一開始買（蓋）房子時候，盡量選擇三面有窗的房子，以應季節交替時，還是能有迎入不同方向的風。另外用水空間（浴室、廁所）一定要有對外窗，否則濕氣容易淤積，造成發霉現象，對健康也不好。

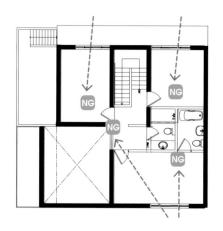
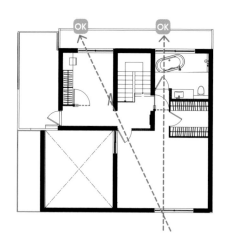

原本格局（左）前後窗戶的進風都被牆壁擋住無法對流，調整後的格局（右）只要保持房門開啟，前後窗就能通風對流。

■ 案例提供／六相設計研究室

NG 02 擺入家具 發現坪數大失算

通常我們從平面圖上難以想像空間尺度與實際關係，甚至在擺入家具之前也無法判斷感覺是否擁擠，空間分配比例不當是經常出現的格局問題，過大的空間也是壓縮到其他空間的元凶。此類狀況，最常發生的就是客廳的深度過深、主臥超乎預期預的大，或者是重要工作空間，如廚房、浴室、陽台卻十分狹小，空間是否過大或不足，可先以基本尺寸判定。

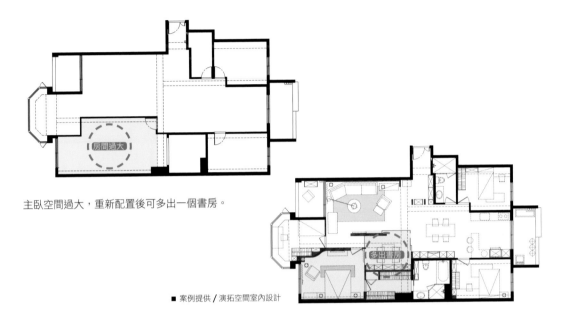

主臥空間過大，重新配置後可多出一個書房。

■ 案例提供／演拓空間室內設計

NG 03 「純走道」的面積 比房間還大

格局過多分割容易造成兩種狀況，第一是為了溝通每個房間，浪費在走道坪數也會增加，第二是較容易有公共空間採光不足的現象。首先，只要是房間必須有出入口，從一個房間移動到另一個房間必須靠「動線空間」銜接，所謂「動線空間」是指只能做為行走使用，無法再放上家具做其他用途的地帶，當平面的分割越複雜時，損失在動線空間的面積也越多。其次，為何說房間越多越可能造成暗房？舉例來說，平面的對外窗數量有限，當分一杯羹的房間數越多，剩下給客廳的窗就越少，因此客廳便容易感覺陰暗。

黃色為基本必須要的動線空間（要算入門迴旋的區域），可見一個空間從兩個分割到四個，黃色區域明顯增加到一個房間大小。

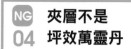

NG 04 夾層不是
坪效萬靈丹

在坪數不敷使用的平面，夾層可以當成補充空間使用，但盡量不要以「做越多越划算」的心態來設計，小心賺了面積，卻賠了高度。適合做夾層的空間通常得要挑高四米以上，上下空間才能同時有舒適的站立高度，但如果夾層超過平面的一半以上，尤其在坪數又不大的房子，很容易造成壓迫感，況且上層空間若太深，採光的效果也會較差。

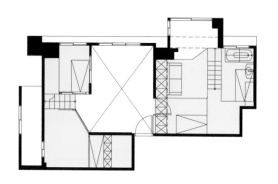

只有 3 米 6 的房子勉強設計夾層，但夾層卻佔了 2/3 面積，不僅使用時都必須彎著腰，夾層深度很深，也形成採光死角。修正後平面（右）右半部的夾層面積減少，讓陽台採光可以進來，左半部的夾層改為臥榻，使用半高牆隔間，也有舒緩壓迫的效果。

■ 案例提供 / 大雄設計

NG 05 迷宮動線
讓生活疲於奔命

動線的討論可分兩種，一是整體平面，二是單一空間。平面上，動線關係如果沒有經過妥善整併或規劃，在一般坪數不大的住家內，容易造成的情況是動線單調無趣，住久了感覺很膩。但如果是遇到合併戶的房子時，直接就著兩戶格局打通來用，壁壘分明的左右空間與切割零碎的房間，往往形成迷宮般的動線，便會引發生活危機！在單一空間的動線，著眼處主要在廚房、衛浴、工作陽台等空間，由於機能設備的排列方式與動線息息相關，設計時必須考慮使用順序，如此一來才能讓家務流暢有效率地進行。

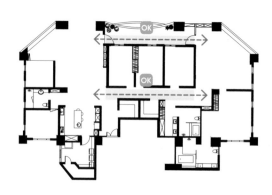

合併戶平面的原始格局（左）分割凌亂，造成長又曲折的動線。調整後平面（右）打造兩條貫穿左右的中軸，公共區與臥房也分區使用。

■ 案例提供 / 匡澤空間設計

NG 06 套房與街屋潛藏暗房危機

採光通風大多受限房子先天條件，在老公寓或傳統街屋中，經常可見狹長型平面，除非房子恰好位在邊間，否則通常只有前後採光，這樣的格局若缺乏良好規劃，很容易造成中間區塊形成狹長陰暗的走廊，或者房間、廁所密不通風，大量暗房產生。此外，隨著小坪數集合住宅越來越多，不少小套房也多只有單面採光設計，浴室通常是暗房，如果單一採光面又被隔間切割分化，那個想保有明亮開闊的公共空間也是一大難題。

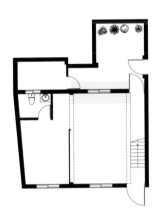

前後採光的街屋（左）原本內部相當陰暗。修正後（右）將外牆移除後，改以採光罩、落地玻璃增加進光量，改善採光狀況。

■ 案例提供／匡澤空間設計

小套房空間只有單面採光，僅是臥房隔間牆選用材料的差別，就能讓客廳的採光有很大的差別。

■ 案例提供／馥閣設計

樓中樓、夾層或透天、別墅住宅，凡舉有上下樓層關係的居住空間，樓梯是一個重要的行走設施。傳統透天的梯間有如一座直立的鋼筋水泥盒，空間密閉不舒適，使用時只能專注於爬梯動作，往往走起來的感覺特別累人。近來，設計師喜愛以玻璃、鐵件或格柵等輕薄通透的材料來取代鋼筋混凝土，大幅減輕樓梯的厚重印象。除此之外，梯下空間的應用也是不少人煩惱的問題，與其設計成高度不夠的低矮廁所或一大間不好用的儲藏室，不如依照需求加入櫃體，將這最佔據空間的量體化成高機能的收納裝置。

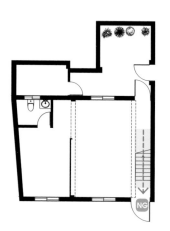

樓梯牆面材料換成玻璃面，並且修改最後兩階將動線轉向，讓樓梯從陰暗雜亂變成空間賞心悅目的設施，運用梯下空間做成電視牆，解決原本雜物堆積問題。

■ 案例提供 / 匡澤空間設計

將梯階設計為拉抽，也是不錯的點子。

■ 案例提供 / 馥閣設計

NG 08 用不到的房間是家中亂源

公共空間聽起來很重要,但公共空間的內容應該是什麼,讓不少人因此陷入迷惘,除了餐廳、客廳之外,還要放些什麼?在不確定的情況下,有一度和室被當成大受歡迎的多功能室兼客房使用。不過,仔細想想,台灣人並沒有使用和室待客或泡茶的習慣,而客人留夜借宿的機會更是少之又少,最後立意良善的種種設計都派不上用場,和室唯一能發揮的功能便是「堆積雜物」。無論是房間或公共空間的設計,應該切實符合生活型態,是否真要切出一個專用空間,得要從使用頻率來判斷。通常,建議將不常用的機能附屬在另一個常用空間內,讓2～3種機能併置,可提升使用坪效。

改造前的屋況,可見用不到的和室空間最後變成一間超大的儲藏室,這是沒有思考清楚生活型態所下的錯誤判斷。

■ 案例提供/馥閣設計

NG 09 面面相覷的門撞門格局

建設公司的預設平面,往往為了節省走廊、取得最多或最大的臥房空間,讓格局使用感覺較為「經濟」,常常出現房間多且集中的平面。當一條走廊通到底,所有房間的出入口都集中的時候,不但會有風水上的問題,也容易發生動線打架的情況。

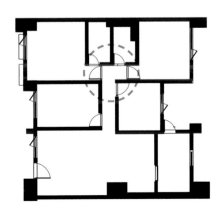

改造前的平面,走道盡頭竟然集中了5扇門,平常一家人使用可能還好,但如果有客人的時候,進進出出就塞車了。

■ 案例提供/德力設計

過與不及皆 NG！
你該知道的空間最適尺寸

　　所謂舒適的空間尺度，並非越大越好，尺度過大的空間讓人缺乏安全感，引發想購物填補空虛的焦慮症，而過小的空間則壅塞壓迫，更是讓人一刻都不想待在家。尺度，是空間最重要的課題之一，本章節以空間、人體工學、家具三者關係，歸納出每個空間必須要有的最小尺度，以及如何計算空間尺寸的方法，在空間規劃之前建立正確觀念，才能避免畫出不好用的空間。

Spcae **I**
客廳最適尺寸

了解客廳先天條件，用配置改變後天性格！

文／魏賓千、李佳芳

　　我們對於空間尺度的感受，很大一部分取決於使用家具的相對尺寸與配置方式，客廳最主要的物件包括：電視櫃、沙發、茶几、電視櫃，是客廳感覺寬敞或擁擠的最大變因。客廳的尺度沒有一定的標準，可以「家具決定論VS.空間決定論」兩個角度來思考。倘若家中人口數多，必須配置L型或海灣式沙發才能滿足座位量，或者特別鍾意某款沙發與茶几組合，那麼從家具尺寸即可回推客廳空間該預留的尺度。

　　從空間決定論思考的話，從電視（37吋為例）到觀賞位置的舒適視覺距離至少要360公分，若加上椅背深度與電視牆背後的線路深度，通常客廳深度預留400公分會較恰當，這也是一般約30坪三房兩廳的住屋格局，最常見的客廳深度。而客廳的寬度則取決於空間條件，客廳多寬也限制了主沙發的長度。

　　客廳的設計和人口數、體型、習慣、訪客數與頻率有關，而家具廠牌的尺寸也各不同，美規、歐規、日規的差異也相當大，通常建議規劃空間時，精算必需容納的人數，一併決定想用的沙發家具，才能設計出符合理想的客廳；否則就得遷就空間尋覓適合的沙發了。

影響客廳空間尺寸的元素：

1.電視 隨著液晶電視普及，電視主流尺寸有朝向大電視發展，例如32吋與65吋電視需要的觀賞距離差異相當大，不知不覺電視也成了決定客廳深度的思考要件。通常，視線距離須在電視尺寸的3.5倍到4倍的距離最佳，由此可以推算客廳深度。

電視大小（吋）	32	37	40	47	55	58	65
觀賞距離（公分）	285～325	320～360	340～390	400～460	470～540	500～570	580～630

2.沙發 沙發尺寸差異大，各廠牌的單人座面寬度可差10公分以上，再加上扶手造型尺寸，三人座沙發寬度從180～240公分，尺寸大小差異極大。甚至可發現，同樣的總長，有些品牌

可坐三人、有些卻只可坐兩人，當空間拿捏在刀口上時，這一座之差就影響整體空間感，選擇時不可不仔細！

同樣是雙人沙發

我寬133公分！

我寬179公分！

我家需要多大沙發？60公分×人數就是所需座面總長！

沙發的尺寸要從「深度」、「寬度」、「高度」三個面向來看。一般沙發設計的深度約為80公分～100公分（包含椅背15～20公分，座面深60～70公分），若喜歡盤腿而坐，座面深則至少要超過60公分。沙發的高度多為40～45公分，讓人們一坐下去，可容下稍微凹陷下去，雙腳也能很舒適地自然貼著地面；不過，若主要的使用者是老人家、體型特別嬌小，建議調降沙發高度。

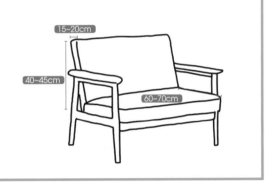

15~20cm

40~45cm

60~70cm

3.**電視櫃** 隨著薄型電視普及化，電視可懸掛於牆體上，因此電視櫃不再需要承載厚實的電視機體，規格也跟著輕薄，甚至於取消電視櫃，利用客廳附近的收納櫥櫃滿足音響、影音設備的收納需求。不過，如果希望保留電視櫃設計，必須預留60公分左右深度，但如今櫃子深度減至45公分的大有人在，但如果配備音響放大機的話，專業線材通常較粗，櫃深就要考慮走線空間，以免到時塞不下。

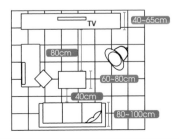

TV

40~65cm

80cm

60~80cm

40cm

80~100cm

家具與走道寬度加總，你就能判斷出客廳深度

舉例來說，常見客廳深度＝電視櫃深45～60公分＋茶几與電視走道80公分＋茶几60～80公分＋茶几與沙發走道40公分＋沙發深80～100公分＝305～360公分（別忘了回頭檢討電視與觀賞距離！）

隨著生活習慣與都市生活空間壓縮，日本LDK概念逐漸被引用，（L）客廳、（D）餐廳、（K）廚房被視為一個開放整體來設計的案例越來越多。在台灣，書房（B）也經常被加入公共空間思考，再加上餐廳與廚房合併、餐廳與書房合併、客廳與書房合併等複合形成，形成多變的LDK+B！

A

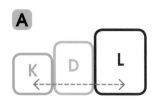

客廳、餐廳、廚房排列為I型，動線為一直線。

B

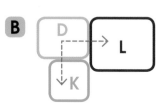

客廳、餐廳、廚房排列為L型，動線為L型，餐廳與客廳、廚房的關係都很緊密。

C

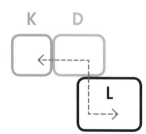

客廳、餐廳、廚房排列為L型，動線為Z型，餐廳與廚房關係緊密，客廳感覺較獨立。

D

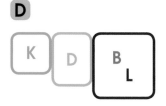

客廳合併開放書房使用。

E

餐廳合併廚房，廚房料理台兼做隔間與餐桌。

F

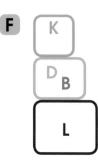

餐廳與書房合併，當餐廳使用率不高時，可以增加餐桌使用率。

A 元首會議型的待客空間

客廳、餐廳、廚房的動線為一直線，三人座沙發擺法為元首會議型，刻意不面向電視、並且背對餐廳，可以一心一意接待客人，專注交談或者看書。

■ 案例提供 / 直學設計

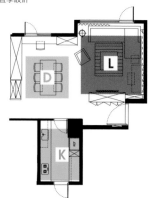

B L型沙發決定客餐廳是否在一起

客廳與餐廳保持良好開放的關係，屬於熱絡互串型。這個空間的屬性重點取決於L型沙發的擺放法，如果凸出的L沙發位在客廳與餐廳中間，客廳使用時集中於電視，與餐廳互動性就較弱，變成了專注電視型。

■ 案例提供 / 德力設計

C 動線轉折就是無形的隔間

雖然客餐廳中間沒有隔間牆，但因為動線轉折關係，空間感較獨立。沙發朝向餐廳擺放，至少視覺上可以看見餐廳空間的活動狀況，但餐廳就看不到電視，所以餐廳區另外設計了電視牆。

■ 案例提供／演拓空間室內設計

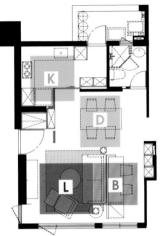

D 讀書不忘娛樂的客廳書房

客廳切出一塊做為書房，兩者利用沙發背後的矮牆界定，好處是書房也能看到電視，缺點是可能會互相干擾。

■ 案例提供／演拓空間室內設計

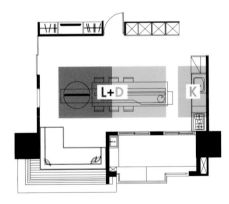

E 適合歡樂聚會的LDK

將餐桌、電視、中島串聯在一起，沙發朝向餐廳，保持高度互動，屬於熱絡互串型。

■ 案例提供／逸喬室內設計

F 餐桌就是工作桌

以懸吊式電視牆界定客廳和餐廳，後方書房區使用架高地板，完成客廳、餐廳、書房高度整合的大空間，並利用書桌和餐桌做連貫，使餐桌與書桌可視工作、聚會等情況，靈活延展。

■ 案例提供／演拓空間室內設計

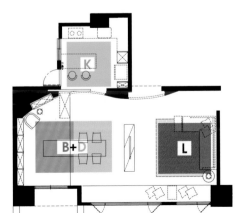

寬度的重要性大於深度

文／魏賓千、李佳芳

　　不同於一般用「深度」來表示空間大小，在玄關部分，講的則是「寬度」；簡單地說，玄關走道的寬度決定了玄關空間所能擁有的大小。玄關空間可大可小，依個人喜好、需求而定，不過空間再怎麼小也有最低標的基準，一般來說至少要預留90公分的寬度給玄關。因為玄關連結了房子最重要的大門開口，大門尺寸定義了玄關的大小，方便人行、貨物搬運進出，這也是為什麼玄關走道、玄關通往客餐廳的開口，至少是同大門尺寸的原因。

　　另外，玄關的收納設計也可能影響玄關大小。簡單的計算方式是，以玄關走道寬度90公分，加上鞋櫃深度35～40公分，可計算出，玄關區約略是130公分的寬度便綽綽有餘。那麼，縮減鞋櫃深度來提高玄關寬度行不行呢？鞋櫃設計是以大人的鞋長約28公分，加上櫃門的厚度加總得出，為免影響鞋物收納的便利性，並不建議朝改變鞋櫃深度來著手。如果覺得玄關空間很狹窄，建議在玄關櫃相對應的牆面、櫃面，利用玻璃、鏡子等具反射效果的材質，拉長空間的視覺景深，避免產生壓迫感。

know how

設計一個玄關，你可以這樣算空間尺寸

玄關寬度＝走道寬度90公分＋鞋櫃深度35～40公分＝130公分

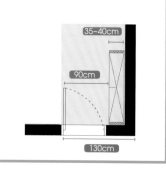

35~40cm
90cm
130cm

玄關位置擺中央或側邊，暗藏玄機！

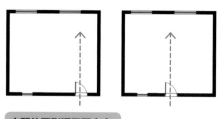

玄關位置影響平面安定

玄關（入口）偏角落，空間感會較穩定。玄關（入口）位在中央，因為出入動線將平面切割為左右，空間感較不安定。

玄關 VS. 房間關係坪效

房間與玄關相鄰而設，可形塑獨立玄關，但也容易造成走廊浪費。房間不與玄關相鄰，玄關開放可與其他空間結合。

缺乏內外分界的平面，可利用鞋櫃塑造出不同玄關

A 鞋櫃靠牆而設（①或②），玄關為開放式，常見將鞋櫃延伸結合電視牆或其他收納功能。

■ 案例提供 /SW Design 思為設計

B 鞋櫃垂直於與玄關相鄰的牆（①或②），可區隔出獨立的玄關空間。

■ 案例提供 / 德力設計

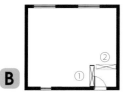

C 鞋櫃垂直於玄關對相的牆。玄關獨立並且佔據走廊面積最大，通常用在收納需求大或人口多的家庭。

■ 案例提供 / 馥閣設計

D 玄關在平面中央，除了用櫃體圍塑空間也可將鞋櫃變成「中島式」，一來可遮擋出入口，二來玄關區域可兼走廊用，具坪效意義。

■ 案例提供 / 馥閣設計

餐廳的大小取決於有幾張嘴吃飯

文／魏賓千、李佳芳

隨著時代的變遷，在家開伙的頻率大幅降低、家族式圍爐聚餐的需求減少，餐廳之於現代住宅空間的意義，不再像傳統的民家生活，其空間定義逐漸模糊，有的變成客廳的附屬空間、或合併書房，以開放式客、餐廳的樣貌出現在住宅裡。若將餐廳理解為餐桌所構成的範圍，那麼餐桌便決定了餐廳的大小，而餐桌的選擇則取決於使用人數。在有限的居住空間內，經常餐廳的大小是牽制於客廳的大小；簡單地說，家人對於客廳空間的大小決定後，剩下來的空間才是做為餐廳。（若重視餐廳大於客廳的家庭，也可反之思考囉！）

此外，當區域面積不夠大時，通過設計也可將餐廳做為廚房的延伸，例如將中島或吧台兼餐桌設計，將餐廳、廚房兩空間簡化，整合成為一體的例子。

餐廳的大小直接取決於家庭成員人數，即餐桌的座位數。

計算餐廳範圍很簡單，就是將桌子大小加上把椅子拉出來的活動距離80公分，即是方便就餐者活動的基本尺寸。餐桌大小與使用人數的關係如下：

	二人	四人	五或六人	八人
方餐桌尺寸	70公分×85公分	135公分×85公分	135公分×85公分	225公分×85公分
圓餐桌直徑	二人50～80公分	90公分	110～125公分	130公分

know how

長方桌所佔的面積較圓桌小！

以四口之家來算：使用方桌若靠牆擺須要預留215公分×245公分，若不靠牆擺則須295公分×245公分（約佔1.6坪～2.2坪），使用圓桌則須預留250公分×250公分（約佔1.9坪）。但方桌兩側可再坐人，最多能容六位，整體上方桌的坪效較好，而圓桌的好處是無論坐在哪裡，到中心點的距離都一樣，尤其人多時用轉盤夾菜很方便。

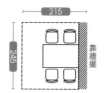

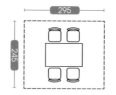

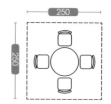

像咖啡廳那樣擺的方桌呢？

正方形餐桌與牆如果想要擺成對角線，舉例一張邊長90公分×90公分的正方桌，加上座位區面積的總對角距離為250公分，推算所占面積約180公分×180公分（0.98坪），而擺放時要注意桌角離牆面要保持40公分，才方便拉開座椅出入。

$$\frac{250}{\sqrt{2}} \doteqdot 177$$

餐廳多功角色，機能大躍升

餐廳合併開放空間

將餐廳與書房合併，廚房利用吧台界定，人少的時候直接在吧台上用餐，當需要正式用餐空間，就移到餐桌！

■ 案例提供／馥閣設計

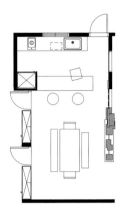

餐桌，也是書桌、梳妝台

這個設計是將臥房、書房、餐廳等空間的桌面合併使用，這長桌不僅是餐桌，也是書桌、梳妝台！

■ 案例提供／尤噠唯建築師事務所

旋轉，書桌拆解成餐桌

書桌具有餐桌機能，一部分的桌面可以旋轉指向餐廳，瞬間將書房變身成正式用餐區。

■ 案例提供／無有設計

廚房不再是家中孤島，而是烹飪的遊樂場

文／魏賓千、李佳芳

廚房，做為居家的烹煮中心，匯集水電管線、火源，在設計廚房之前，務必了解空間的限制（坪數、給排水管、天然氣、抽油煙機風管的走向）、家中成員的情況（人數、主要烹飪者身高、左撇子或右撇子、烹飪習慣），以及務必納入的廚房電器設備有哪些（抽油煙機、冰箱、電鍋、果汁機、咖啡機、烤箱、微波爐、洗碗機或烘碗機），對於講究坪效的現代住宅來説，廚房不只是滿足一家的煮食功能，而且必須提供超大容量的收納空間。

依照空間大小、使用需求與習慣，廚房配置從一字型、L型、ㄇ字型……或運用中島、餐檯、電器櫃組合，發展成高收納設計的雙排廚具設計。通常而言，水槽、爐火與冰箱可説是架構廚房動線的三巨頭，這三者的排列方式與動線流暢度息息相關，不論是從左而右或是從右而左，務必遵循「洗→切→煮」的順序排列，而若這三者呈三角排列的話，能使移動取物更有效率，被稱之為廚房的黃金三角動線！

隨著開放空間漸為風潮，廚具設計除了滿足流暢的動線之餘，也成為界定空間的靈活手段，讓廚房空間不再孤立，而是親子玩烹飪的遊樂場。

左右移動動線／獨立廚房的基本舒適尺度至少約須2坪！

組合廚具的深度大多為60公分，大至與冰箱相同，冰箱、水槽與瓦斯爐可依照需求選擇尺寸，但通常建議冰箱到水槽之間的檯面留60公分，可以用來暫放食材，而水槽到瓦斯爐中間的台面則至少留60公分的切菜區。倘若瓦斯爐靠牆壁，離牆邊至少保留40公分以上的距離，炒菜時手肘才不會撞牆。

為確保在廚房操作時的人身安全，廚房走道通常會預留約120公分寬，考量的便是當兩個人在廚房走道交會時，能很從容地錯身而過，而一個成人肩寬約在45～50公分寬，以此推知，得出120公分最佳寬度數字。

獨立廚房的基本舒適尺度至少約須2坪

長＝70公分（冰箱）+60公分（置物台）+60公分（水槽）+60公分（切菜台）+70公分（瓦斯爐）+40公分（牆邊）＝360公分
寬＝60公分（廚具）+120公分（走道）＝180公分

360公分×180公分，等於6.48平方公尺，約2坪。

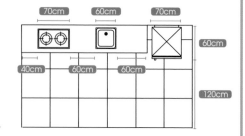

黃金三角動線／廚房動線越接近正三角形，工作效率越好！

廚房中最頻繁使用的水槽、爐火與冰箱，三者的位置決定廚房動線，以及工作的效率。一般而言，廚房的動線形狀以正三角形最好，轉個身就能從冰箱拿東西、備料、烹調，比起一字型得來回走動要方便得多。即使同樣都是黃金三角動線，爐火與水槽之間的距離如果越長，動線也越不便，不過廚房考慮的不光是使用效率，還要思考人和人互動！

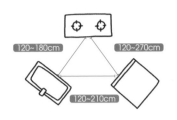

120~180cm　　120~270cm　　120~210cm

各種廚具配置法，你該注意的二三事

廚具的配置雖可分為一字型、L型、ㄇ字型……但實際上得依照空間條件和生活需求來思考配置。例如只需要一個人下廚的廚房，可以效率導向來進行設計，但如果希望是可以多人使用的廚房，那在走道寬度、檯面長度，以及爐火到水槽間是否有寬敞的備料區，都必須加入思考。

一人使用較單純的 L 型廚具

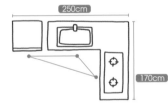

250cm
170cm

水槽和瓦斯爐在 L 型廚具的轉角兩側，適合一人使用。此外，要注意台面轉角處60×60 公分，通常只能用來置物，難以切菜，因此最好還是預留長一點的台面。

機能或使用者擴充的雙一字型廚具

當廚房裡必須納進兩排 60 公分深的廚櫃，相對縮減廚房走道的寬度，即使如此，至少保留 90 公分寬走道的底限，方便兩人錯身而過，確保烹煮時的人身安全，因此寬度必須在 210 公分以上，才可使用此配置。（但如果廚房兩面相對的牆邊都是櫃體的情況下，須同時打開兩邊櫃門，走道就至少留出 150 公分）

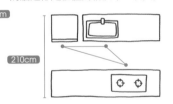

210cm

雙排流理台設計，瓦斯爐與水槽各有台面，備餐區很大能多人共用，但地面最好有落塵設計，以防洗好蔬菜拿到瓦斯爐中間滴水。

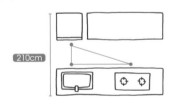

210cm

由電器櫃＋流理台組成，料理時通常在爐火與水槽間遊走的頻率較高，水槽與瓦斯爐相近使用上會比前者更有效率。

烹調者與用餐者共舞的ㄇ型或中島型廚具

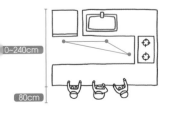

0~240cm
80cm

將流理台延伸出去包圍廚房，適合多人共用，若想要將延伸的台面變成餐桌或早餐台，則台面要外凸 30 公分才能容下放腿的空間，再加上餐椅活動空間 80 公分，整個廚房深度範圍大約 290～320 公分。

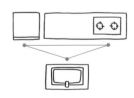

中島型通常結合水槽（也可是單純的流理台），不僅增加共用台面，洗碗或備料時都面對空間，也有不少餐桌結合中島的設計，都可增加互動性。

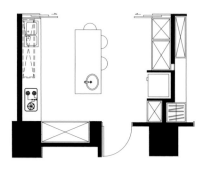

派對用的豪華三一字型廚具

當廚房坪數足夠，設計上可以添入更多機能，三個一字型配置的廚房，除了上述工作區與電器櫃外，第三排廚具的功能可設計為附有簡易洗槽與單口爐的餐檯，其功能性不只做為早餐檯或餐桌，也很適合做為家庭派對或專業料理人分享廚藝的會客室。

■ 案例來源 / 匡澤空間設計

親子互動的大廚房

用中島來區隔廚房與餐廳，將水槽設在中島上，由於中島檯面特別加寬處理，也可以當成吧台使用，方便一邊準備工作一邊和家人互動。

■ 案例來源 / 馥閣設計

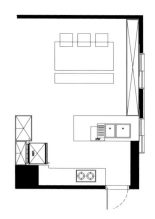

餐廚空間獨立，又不失互動性

雖然平面上餐廳和廚房感覺相當獨立，但廚房靠走廊的部分設計為吧台，沒有用實牆來區隔，水槽設計在面對客廳的廚具上，與上一個設計有異曲同工之妙，工作時都可以和客廳活動的人聊聊天。

■ 案例來源 / 馥閣設計

廚房變成客廳的延伸

雙一字型廚房的一邊選擇使用較高的中島吧台，一方面可以當成沙發的靠牆，另一方面也能當成便餐台。當孩子不回家吃飯，夫妻倆可以簡單料理，直接在廚房裡一邊看電視一邊吃，不必特地把菜端到餐桌上。

■ 案例來源 / 無有設計

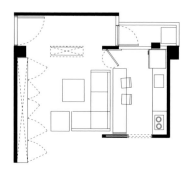

Spcae 5 臥房最適尺寸

3坪大小是單人與雙人的分水嶺

文／魏賓千、李佳芳

構成房間的基本尺寸元素，包括床、床兩側的走道，以及衣櫃等，以一組標準雙人床舉例（寬150公分、長200公分），走道約65公分，加上60公分深的衣櫃，而衣櫃如果被放在與床相對的牆邊，走道至少要有90公分，才能方便打開櫃門而不至於被絆倒在床上。因此，總合得算雙人臥房的最小尺寸至少要280公分×350公分（約3坪）；也就是說，3坪以上勉強可做雙人房，3坪以下則為單人房。

若希望下床時的走動空間是舒適的，房間的某一邊應該大於350公分這個數字。當臥房坪數小，房內某一邊長度沒有350公分，又要滿足「床、走道、衣櫃」三者兼備的使用需求，只好退而求其次，將床靠牆、靠窗擺放，捨去一個走道空間；在這種情況下，扣除一個走道寬度，臥房也最好維持在285公分左右，使用時才不會覺得手腳伸展不開來。此外，若衣櫃與床之間的距離不足60公分，則必須捨棄開門式衣櫃，勢必得做（橫）拉門，才不會在開關衣櫃時感到走道狹小。

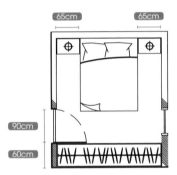

以標準尺寸雙人床來計算，這間主臥只能放下兩座對開門的衣櫃（以一座對開門衣櫃80公分計算），對於衣物量大的夫妻，用起來相當勉強，倘若還想在臥房內增加電視、梳妝檯或書桌，那空間得要更大。

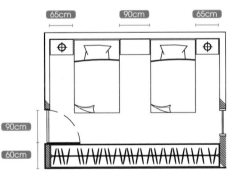

主臥需視夫妻生活習慣設計，若是分床睡的雙人房，兩張並排擺放的床之間至少要有90公分走道，總合得算400公分×350公分，最小尺寸至少要4.2坪。

想要睡多大的床，也決定空間尺寸！

臥房寬度＝床的寬度＋左走道65公分＋右走道65公分＝220～250公分
臥房深度＝床的長度＋衣櫃前走道90公分＋衣櫃深65公分＝335～365公分

	單人床	雙人床
寬度	90、105、120（公分）	135、150、180（公分）
長度	180、186、200、210（公分）	180、186、200、210（公分）

簡稱WIC（Walk-in-closet）的衣帽間，意思就是「可走進去的衣櫃」，好處是結合了換衣空間，如果寬敞些還能結合梳妝台或衣帽展示。以下是各類型WIC所需要的最小空間尺寸，若使用滑門走道深度可再減少走50公分，但再小就失去換衣舒適迴身的距離。

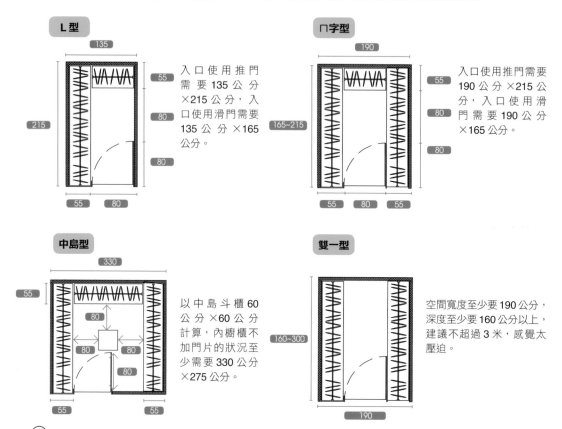

L 型

入口使用推門需要 135 公分 ×215 公分，入口使用滑門需要 135 公分 ×165 公分。

ㄇ字型

入口使用推門需要 190 公分 ×215 公分，入口使用滑門需要 190 公分 ×165 公分。

中島型

以中島斗櫃 60 公分 ×60 公分計算，內櫥櫃不加門片的狀況至少需要 330 公分 ×275 公分。

雙一型

空間寬度至少要 190 公分，深度至少要 160 公分以上，建議不超過 3 米，感覺太壓迫。

(註) 通常衣帽間內的櫥櫃都不需要再增加門片，倘若是像中島型如房間大小的衣帽間，若為求整體感增加櫃門，走道空間最好再增加些。此外，使用對開門片櫃身約 60 公分，使用滑門需增加上軌道空間，櫃身以 70 公分計算。

折衷型的衣帽間，利用走道兩側設計雙排衣櫃，雖然不算是一個獨立空間，好處是衣帽間可屏蔽隱私、不阻礙動線，缺點是沒有獨立衣帽間來得隱密，但因為空間是開放式，寬度必須計算防塵的門片厚度。

過道型

櫥櫃使用推門寬度需要 220 公分，櫥櫃使用滑門寬度需要 240 公分。

衣帽間與廁所的排列順序

✕ 廁所變成採光障礙，主臥浪費太多空間在走道上。

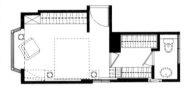

◯ 雙一型衣帽間也是行走過道，除了洗澡拿取衣物方便，另一個好處浴室的洗手台就可取代梳妝台，不需要再另外增加。

■ 案例提供 / 德力設計

不一定有衣帽間就是最好

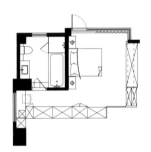

✕ 更衣室扣除進出房間與浴室的走道空間所剩無幾，長度不足容納雙人衣物。

◯ 不如改為一長排的衣櫃，既可增加房間面積，走道上又增加一個小桌面，讓走廊多了不同機能。

■ 案例提供 / 德力設計

衣櫃的背面也是設計著眼處

開放過道型的更衣室有屏蔽效果也有雙動線走道，還可結合電視牆。

■ 案例提供 / 珥本室內設計

將獨立衣帽間變成書房

衣櫃部分結合桌面，更衣室空間變成不受打擾的讀書角落。

■ 案例提供 / 德力設計

浴室是馬桶、浴缸與洗手台的組合遊戲

文／魏賓千、李佳芳

　　浴室設計以「機能」為考量，講究的是空間的使用效率。浴室該多大才理想？這個問題要回歸到浴室空間的組合元素，浴室通常分為「全套式」、「半套式」。基本上，所謂半套浴間提供馬桶、面盆，並沒有盥洗設備，若加入淋浴間、浴缸等，便是全套浴室，各個設備的寬度尺寸構成了一間浴室的基本大小。

　　隨著水費高漲與居住空間限制，台灣有泡澡習慣的家庭越來越少，絕大多數還是採用淋浴方式。因此，浴室最需要注意的，便是乾濕分離設計。雖然少了乾濕分離可以節省空間，但一沖澡便將整間浴室弄得濕漉漉，每次上廁所得擦馬桶可是會讓家中女性成員忍不住想發出怒吼！想要設計兼具舒適與坪效的浴室，必須先了解浴室設備基本成員需要的尺寸。

影響浴室尺寸的元素

1.馬桶 除了須計算馬桶設備的大小，還須考量人坐在馬桶上的迴身舒適度，兩側預留身體肩膀寬度、前方則要有膝蓋彎曲的距離。所以馬桶區最好有80公分寬才是合理，前方則預留45公分。

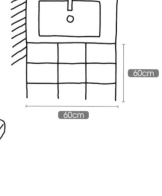

2.洗手台 洗手台的大小依照種類不同，通常檯面寬度的基本尺寸是60公分，洗手台前方至少要預留60公分單人走道。洗手台的長度可隨收納量與空間大小增減，若空間允許通常大一點較好，瓶瓶罐罐有地方可放，或者也可用鏡櫃代替收納功能。

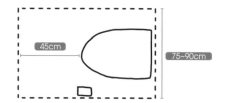

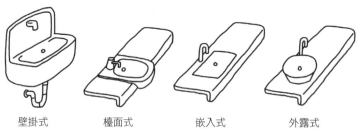

| 壁掛式 | 檯面式 | 嵌入式 | 外露式 |

3.淋浴間 可分為長型或正方型，長型淋浴間80～90公分寬是基本尺寸，長度（深度）大於110公分起，這樣的尺寸讓人們在淋浴時，還可以略微彎下身子拿取前方牆面、地面上的物品，若空間許可的話，再加長、加寬淋浴間。

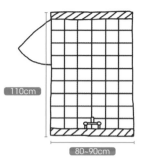

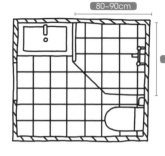

左／長型：適合設在牆到牆中間，寬度要 80 ～ 90 公分、長度 110 公分以上為佳。

右／正方型（也可設計成圓弧形）：適合用在角落，長寬至少需要 80 ～ 90 公分。

4.浴缸 喜歡泡澡的人，可能添加浴缸設備，市售單人浴缸的尺寸多為長150公分、寬70公分，若需按摩浴缸則至少要160公分、寬75公分，而浴缸依形狀可區分為需砌牆和不砌牆（免施工浴缸），需砌牆的浴缸還須預留15公分的磚牆寬度，保守估計寬度最好保留85公分。此外，針對空間較小的浴室還有長約120公分、寬約80公分的坐式浴缸。

單人浴缸

按摩浴缸

坐式浴缸

know how

設計一間全套式浴室，你可以這樣來算空間尺寸

浴室寬度＝馬桶區80公分寬＋洗手檯60公分寬＋淋浴間80公分寬＝220公分

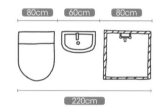

空間合併，換取一間舒適的浴室。

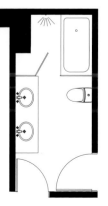

適合親子共浴的浴室

用雙動線將主浴跟客浴合併成一間適合親子共浴的大澡堂。濕區包含淋浴區和泡澡區，幫小孩洗完澡後可直接將孩子放到浴缸，不必再跑到外面來泡澡，孩子玩水的同時，就能騰出空間幫自己洗澡囉。

■ 案例提供／匡澤空間設計

可兼當客廁的浴室設計

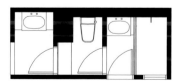

四件式排列的浴室，馬桶間可以共用，好處是有兩個洗手台，客用和主人用分開，私人用品不會被看見。

■ 案例提供／非關設計

適合單人使用的浴室

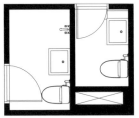

✕ 設備排排站，意味著動線距離較長。

○ 設備用 L 型配置，動線和使用區可以合併。

■ 案例提供 / 馥閣設計

廁所管道間也是經常被忽略的「設備」

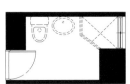

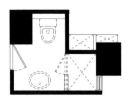

✕ 受限柱子與動線，洗手台很侷促。

○ 改變一下形狀，開門區和洗手台、馬桶的轉身區合併，感覺每一分空間都徹底發揮機能。

■ 案例提供 / 演拓空間室內設計

小浴室容易發生撞門事件

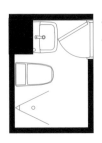

✕ 廁所很小，門與洗手台撞擊！

○ 改變門的位置（換成拉門更好），出入動線和馬桶前方合併，洗手台就能增加浴櫃。

■ 案例提供 / 成舍設計

Spcae 7
行走空間最適尺寸

雖不是「房間」，卻是愉悅移動的重要幫手

文／魏賓千、李佳芳

A樓梯

有關樓梯設計在建築法規有詳盡的說明，室內樓梯的寬度不得低於120公分，樓梯淨高不得低於190公分。寬度若是僅容納單行者的話，則至少要有75公分，最多放寬至90公分。另外，每一個台階的級高約在15～18公分，台階的級深為一個腳掌大小，約25.5～28.5公分，才是合理又舒適的階梯設計。

15～18cm

25.5～28.5cm

樓梯的基本形式

直梯 佔用的空間大，但走起來較省力，需要頻繁上下樓或搬運物件會較方便。

扭曲轉彎型　　　　直線型　　　　扭曲轉彎型

折梯 佔用面積小，也可以節省樓梯間四周走廊的繞行距離，但因為動線轉折較大，若經常要搬運物件上下，走起來較耗體力。

折返型　　　　螺旋型　　　　U型

樓梯的形狀與位置影響平面！

黃色：走廊空間　藍色：上下動線　紫色：挑空區域　紅色：樓梯

直梯靠牆放

1樓樓梯佔據範圍較大，廚房比例縮小，玄關正對廚房。2樓需要的走廊面積最大。

折梯靠牆放

餐廳空間無法被界定。2樓動線必須多一個小橋，挑空形狀比較複雜。

折梯在中央

挑空面積最小，廚房利用樓梯略遮擋。2樓需要的走廊面積最小。

■ 案例提供／大雄設計

B走道

　　一般走道較為舒服的寬度約為75～90公分，而住宅設計規範裡也規定走道淨寬至少要在80公分以上；不過，這是指「單行道」的情況下，如果能夠讓兩人在走道上交會通過，淨寬起碼要有100公分，才能容納一人正行、一人側身通過。

　　依照同時可通過的人數，可大致將走道寬度區分為：60公分寬為單人走道（通過時可能還要微側身）、90～100公分雙人走道，而120公分以上就是雙人可並行的走道寬度了。

　　通常，60公分單人走道大多只會出現在房間內，例如主臥通往衛浴、更衣間的走道，而一般住宅內銜接公共空間與房間的走道，還是要有90～120公分最為恰當。

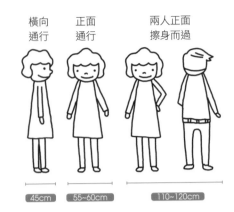

橫向通行　　正面通行　　兩人正面擦身而過

45cm　　55～60cm　　110～120cm

有長者同住
須預留輔具通過的尺度！

　　考慮到長輩將來可能會有輔具需求（助行器、輪椅）走道淨寬至少得大於90公分，才能讓輔具通過；但如果要讓輪椅使用者與行人可雙向通過，走道淨寬則要有120公分。

　　若要做到全無障礙空間，則走廊應該要有輪椅可迴轉的寬度，約150公分，倘若走道無法做到這樣的寬度，至少要在走道的末端、房間、廁所內預留150公分×150公分見方的空間，讓輪椅可以在房間內旋轉。

　　若是進一步考慮醫療寢具，那麼門的淨寬也得在90公分以上，未來才能搬入電動床墊，若是要讓電動護理床也能通過，門寬與走道的淨寬則至少需要預留100公分以上。（電動護理床各廠牌尺寸不同，寬度從95～115公分不等）。

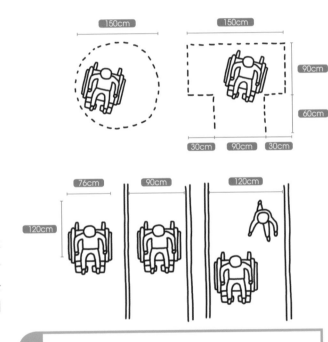

150cm　　150cm　　90cm

60cm

30cm　90cm　30cm

76cm　90cm　120cm

120cm

know how

無障礙高度也是重點！

家中有輪椅使用者，餐桌高度的設計通常無異（75～78公分），但放腳的深度必需要有48公分以上，才符合輪椅需要的可近性。倘若有經常使用的電器，如熱水瓶、微波爐等，建議可放在略低的檯面（約70公分高），讓操作介面可在120公分以下，以便坐著輪椅也能輕鬆就手。

30、60、90 快速隔間法

文／李佳芳 案例示範／ SW Design 思為設計

　　沒有受過專業室內設計訓練，突然要開始著手設計房子，簡直是不知從何下手，你是否覺得摸不著頭緒？不過，別擔心！在採訪之中，由專業設計師傳授了一招快速設計法，對於諸位居家空間DIY設計師來說，提供了一個很棒的點子！

　　從以上單元詳述的內容中，相信清楚建立了空間尺寸的基本概念，而我們也發現這些尺寸數字中隱藏著一個秘密，「60公分」的法則無所不在！舉例來說，最基本的單人走道寬度為60公分，雙人可併行的走道寬度則是乘以二；而輕裝修最常使用到的系統櫃工法，無論衣櫃或廚具的標準深度也是60公分，若以60公分見方的格子來計算坪數，一坪恰好是九宮格大小。

　　因此，60公分確實被實戰應用於快速設計中，尤其室內設計術科考試時，不少設計師在沒有電腦、只能運用手繪的情況下，通常會先在平面圖的直橫打上60公分的等距格線，當做參考基準值，如此一來，初步完成的平面圖在尺寸上就不會偏差太遠了！

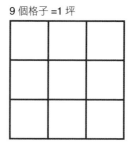

9 個格子 =1 坪

一坪的計算方式（180公分 ×180公分）大概就是9 個格子的面積！

櫃和走道的基本尺寸表

30的法則	60的法則	90的法則
鞋櫃 書櫃	單人走道 廚房走道 （乘以二就是雙人可併行的走道） 廚具深度 衣櫃深度	房間門寬 雙人走道（可通過輔具）

法則下的空間基本尺寸表

客廳	約2.6坪（寬240公分×深360公分）
餐廳	約 2 坪（寬300公分×深240公分）
廚房	約 2 坪（寬360公分×深180公分）
雙人臥房（主臥）	約3.5坪（300公分×360公分）
單人臥房	約2.5坪（210公分×330公分）
玄關	約0.5坪（寬度130公分）
更衣間	約 1 坪（寬135公分×深210公分）
浴室	約 1 坪（寬210公分×深度120公分）

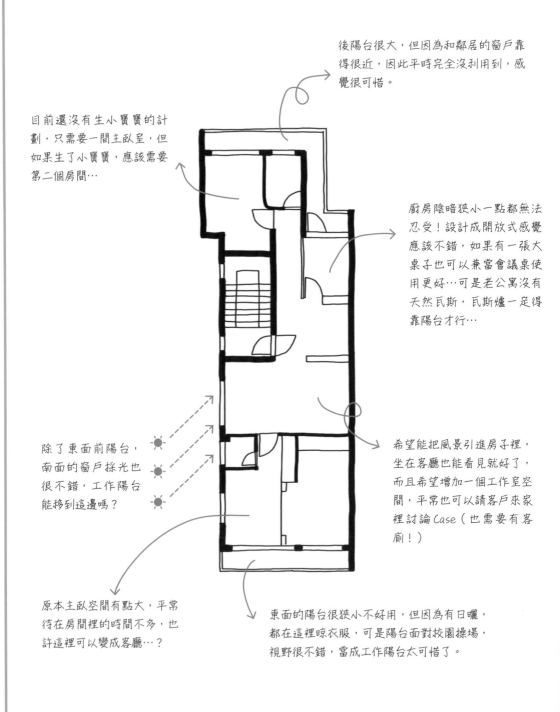

後陽台很大，但因為和鄰居的窗戶靠得很近，因此平時完全沒利用到，感覺很可惜。

目前還沒有生小寶寶的計劃，只需要一間主臥室，但如果生了小寶寶，應該需要第二個房間…

廚房陰暗狹小一點都無法忍受！設計成開放式感覺應該不錯，如果有一張大桌子也可以兼當會議桌使用更好…可是老公寓沒有天然瓦斯，瓦斯爐一定得靠陽台才行…

除了東面前陽台，南面的窗戶採光也很不錯，工作陽台能移到這邊嗎？

希望能把風景引進房子裡，坐在客廳也能看見就好了，而且希望增加一個工作室空間，平常也可以請客戶來家裡討論 Case（也需要有客廁！）

原本主臥空間有點大，平常待在房間裡的時間不多，也許這裡可以變成客廳…？

東面的陽台很狹小不好用，但因為有日曬，都在這裡晾衣服，可是陽台面對校園操場，視野很不錯，當成工作陽台太可惜了。

STEP 2

建立60公分基準格, 用「塗滿法」來想配置

扣除床與走道寬度
後,這裡還可以做些
運用的樣子…

壁凹的地方有一格寬
(60公分以上),剛好
可以塞進衣櫃。

客廁的深度和陽台差不多,這邊有
大扇的南面窗,把工作陽台移到這
邊比較好。(不過寬度有點大,也
許可以切割一部分做儲藏櫃…?)

將來如果會有小孩房,
客廁還是要有淋浴間比
較好,一面牆保留,另
一面牆可以打掉,把面
積加大一點。

後陽台想變成浴室…嗯…用凸窗增
加30公分放洗手台…走道有90公
分寬,剛好可放下一個標準浴缸呢!

廚房就開放吧,把餐桌和中島
合併在一起,大概長得像這樣…

客廳在這裡!客廳跟工作室或許可
以用透明玻璃或活動拉門隔間,不
會影響視線跟採光,而且將來工作
室也許可以變成第二個房間。

工作室平常待得時間最久,保
持開放也沒關係,靠陽台的話
就不會擋住風景了!

STEP 3

統計收納量後將手稿精確化

如果用Auto Cad軟體繪圖, 就變成專業室內設計師的平面囉!

chapter

2

好隔間，有方法

01

使用坪效

機能合併，空間利用更有效率。

　　增加空間使用坪效的重點在於機能合併，無論是利用高度或平面的重疊、複合式家具，使同一單位空間可以具有多重身分，例如書房增加沙發床即可變身客房，諸如此類的作法都屬於複合。

　　在設計思考的時候，可以「頻率」與「時間差」為原則。使用頻率高機能應該當主角，使用頻率低機能做配角，例如書房天天使用可當成主角，客房一個月僅用 1 ～ 2 次就是配角；或者，一天只佔 1/3 使用時間的寢區是配角，2/3 醒著的時候都在客廳是主角。這些配角空間就可以放在複層，或運用特殊家具隱藏，必要的時候才展現出來。

　　時間差運用，則是兩個性質類似、使用時間卻不同的空間可以合併，例如同一張桌面，晚上 6 ～ 8 點當成餐桌，其餘時間可當成書桌，就能將書房與餐廳合併，但倘若是書桌全天候都堆滿電腦與文件的話，根本找不出縫隙插針，那就不好合併了。

手法1 機能合併 ≫ 利用門片靈活隔間，一房多用

利用可移動隔間或隱藏家具，在必要時可圍塑空間、增加機能，轉換空間角色。例如書櫃結合隱藏掀床、書桌結合滑軌可輕易移開，將書房變身成為客房；或者利用摺疊門、滑門、移動牆等活動隔間，將開放空間一角變成獨立房間的手法。
圖片提供＿尤噠唯建築師事務所

手法2 走道應用 ≫ 避免純走道，加設機能不浪費

要提升空間坪效，就要盡可能避免單純走道產生。透過空間配置，將公共空間放在空間中央，直接以公共空間連結私密空間，是一種減少純粹走道的設計手法。其次，將走道兩側的牆面結合儲物功能、摺疊工作站（以不阻礙動線為原則），或是在走道盡頭加上閱讀平台等，都是提升走道機能的做法。
圖片提供＿德力設計

手法3 積木堆疊 ≫ 向上爭取空間，次要機能往上放

利用高度將次要機能往上放的手法，可爭取更多使用面積。例如坪數不夠的臥房內可將床寢設計在複層，下方區域擺放衣櫃，或做為書房等多功能使用。甚者，樓高 4 米 2 的房子則可將房間設計在夾層，增加房間數。設計夾層要注意，倘若上層空間的高度不足站立，建議樓梯最後一階的跨距可以較高，使能保持頭不碰到天花板的站姿，做為彎腰進入夾層的準備。
圖片提供＿馥閣設計

 本單元使用符號　𝄞 動線　◉ 視線　☀ 採光　🌀 通風

20 坪商務出租房變身小家庭機能宅

坪數 ■20坪	屋況 ■ 中古屋	家庭成員 ■ 夫妻	建築形式 ■ 公寓	格局 ■ 三房兩廳→兩房兩廳 + 開放式書房

20 坪三房兩廳，廚房卻放不下冰箱，洗澡得坐在馬桶上？！

這個房子過去做為商務人士的出租房，原始格局思考的方式很單純，就是房間越多越好。在這個平面裡，勉強放下三個房間和兩個非常狹小的浴室，而廚房也太過狹小，甚至擺不下冰箱。依照平面假設的餐廳位置Ⓐ，代表無論出入房間、用廁所、到廚房喝個水都要繞過餐桌才行，且餐廳與廚房間的動線迂迴，乍看之下，機能五臟俱全，卻不便使用。因此，主要的格局思考在於恢復小家庭所必須使用的浴室、廚房、餐廳機能，利用入口轉向和穿透隔間，增加小坪數的使用坪效。

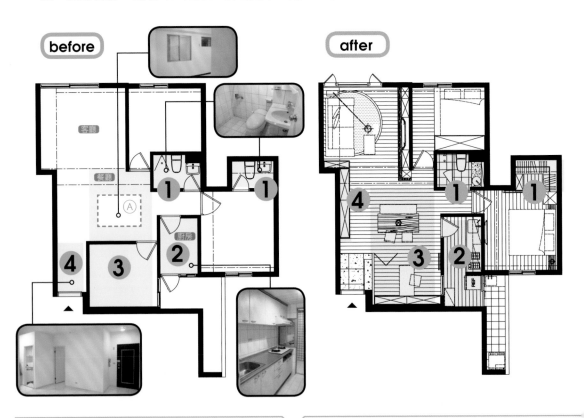

before / **after**

NG
- ❶ ▶ 浴室太小，開門就會撞到洗手檯或馬桶。
- ❷ ▶ 廚房又小又封閉，甚至擺不進冰箱。
- ❸ ▶ 多出一房，做為書房又缺乏開放性。
- ❹ ▶ 幾乎沒有玄關空間，鞋子無處可放。

OK
- ❶ ▶ 改變客廁入口，內部面盆偏位，還多了乾濕分離的淋浴區。
- ❷ ▶ 廚房連結部份陽台，讓冰箱的位置有著落。
- ❸ ▶ 拆掉一房隔間，用玻璃隔間串連餐廳與書房。
- ❹ ▶ 設置轉角多功能櫃體，整合客廳和玄關機能。

1 推門變橫拉門＋面盆偏位，小廁所也好用

將主臥不好用的小廁所改為更衣間；客廁大小維持不變的情況下，調整出入口位置，門片改為橫拉門後，並將面盆偏位擺放，機能不減，還增加了平台面積與一整排鏡櫃。馬桶略靠牆移動後，挪出了乾濕分離的淋浴區，以後洗澡再也不擔心弄濕馬桶。

2 廚房連結部份陽台，冰箱有得放

廚房在不變更外牆情況下，拆掉通往陽台的門片，連結部份陽台，增加放冰箱的位置。並將廚房出入口轉向，改為無門框式暗門和餐廳保持直接的動線關係。

3 強化玻璃隔間串連餐廳和書房

設定餐廳區域兼具書房與客房機能，將原本隔間牆改為強化灰色玻璃摺門，使單一空間可與餐廳串連。書桌與書牆成一體，桌板下結合軌道，可左右移動，只要將書桌推開，就能騰出中間區域打地鋪，做為客房使用。

4 設置鞋櫃、書架、展示、收納合一的多功能櫃體

鞋櫃設計為上下櫃形式，也可用來收納雜物，中間平台則方便回家時隨手放鑰匙，也可當成書架使用。櫃體並向客廳延伸為轉角展示櫃，可以用來展示家庭相片與旅行紀念品，同時整合客廳與玄關的機能。

■ 空間設計＆圖片提供 / 成舍設計（南西分公司）　TEL：02-2555-5918　044 / 045

凸窗平台活用，嵌入完善餐廚機能

| 坪數 ■ **16坪** | 屋況 ■ **中古屋** | 家庭成員 ■ **單身** | 建築形式 ■ **單層** | 格局 ■ **一房兩廳→一房兩廳＋書房** |

客臥動線打結，廚廁狹路相逢，住得有夠憋！

室內16坪大的單身住宅，依據大門位置判斷沙發應該會在Ⓐ區塊，但因為房間開門位置關係，使沙發與動線互相干擾；此外，為了避免開門對床，床只好塞在臥房角落，使用起來感覺緊迫。最糟糕的是，廁所與廚房相對，空間都非常狹小，想上廁所必須側身經過廚房，甚至熱水器與瓦斯錶都安裝在室內，相當危險。設計師以餐桌、沙發、電視牆所形成的軸線來發展設計，將廚房外移，藉凸窗平台的高低變化，安排餐廳座位區、廚房，並用懸吊餐桌板、矮櫃滿足用餐與收納機能。浴室接收廚房後，多了乾區空間，並使用有復古味的綠色玻璃隔間，半穿透視覺感具有舒緩壓迫、放大坪數的效果。

NG

❶ ▸ 廚房和廁所相鄰，且空間狹小，使用不便。

❷ ▸ 沙發最好的位置在Ⓐ，卻與房門互相干擾；房門位置尷尬，床只能擠在角落。

❸ ▸ 沒有玄關空間。

OK

❶ ▸ 將廚房外移，浴室拓寬；廚房與女兒牆下切結合成完善的餐廚空間兼工作區。

❷ ▸ 主臥房門移位，並採暗門設計，與電視牆採相同材質，連成一氣。

❸ ▸ 電視牆巧妙結合鞋櫃，界定出玄關空間。

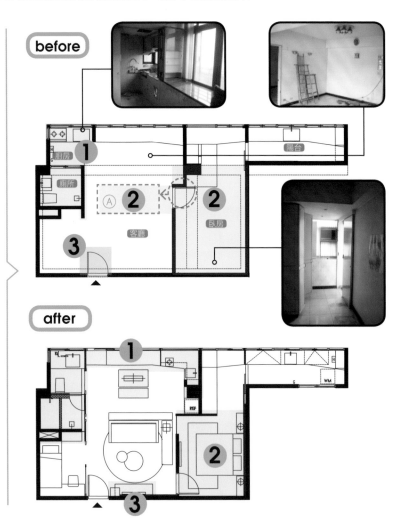

before

after

1　浴室、餐廳、廚房，活用女兒牆放大

將原本廚房位置納入廁所，使廁間加大，並設置乾濕分離。利用原本凸窗下切安裝面盆與梳妝台，鏡子使用吊式旋轉鏡，可避免遮住採光，藉光線打亮空間。將原本凸窗的女兒牆下切，從右而左依序設定為備餐台、爐灶、座位區，甚至延伸入浴室成為面盆區。藉由廚櫃整合柱體，利用畸零的內凹放置冰箱。

2　改變主臥門的位置，還多出更衣室

主臥出入口移位，原門洞加上固定玻璃，平時可維持穿透，加大空間視覺感，當朋友拜訪時則可放下百葉窗。新的出入口利用暗門手法，與電視牆維持一致的調性，彰顯空間感。

3　電視牆側向結合鞋櫃

不對稱電視牆的側向結合鞋櫃，界定出玄關空間；鞋櫃中段鑿出一個開放櫃，作用有如玄關櫃般，方便隨手放零錢與鑰匙。

memo　鞋櫃大小其實男女有分

男女生的鞋子尺寸差距大，通常男生鞋櫃尺寸寬 30 公分、深 38 公分，女生則為寬 30 公分、深 35 公分，如果鞋櫃底板不靠牆（如本案為側向），則需再加上 2 公分的板厚，較為牢靠。

可伸可縮的一大房，用移動牆瞬間切換角色

坪數 ■17.8 坪	屋況 ■ 老屋	家庭成員 ■ 夫妻	建築形式 ■ 單層	格局 ■ 兩房一廳＋廚房＋書房＋一衛→ 一房兩廳＋廚房＋書房＋一衛

> **十字結構分割平面為四等份，生活互動僵化**

因懷孕而決定搬回故鄉定居的這對夫婦，請設計師重新打理了許久未用的老家。由於房子位在山坡上，周邊棟距很遠，雖然採光條件不錯，但在空間中央可以清楚看見1支大柱子與十字交錯的樑，將房子切割成四個區塊，造成各空間互動僵化、削弱採光。

房子的結構特殊是設計師發想兩房格局的創意之始。藉由一張桌子重新討論每個空間需要的「平台」概念。用長桌貫穿／確立四個空間，並以玻璃屏風、移動牆取代既有隔間，使主臥可伸可縮、書房變客房，平時又能將公共區域最大化，享受整個平面為一個大房間的開闊感。

before　　**after**

（臥房　臥房　客廳　書房　廚房　衛浴　大柱子）

NG
❶ ▶ 隔間沿十字樑做，空間無互動且陰暗，整體感覺很狹小。
❷ ▶ 空間動線不順，必須經過廚房才能進到書房。

OK
❶ ▶ 整合餐廳、臥房的平台功能，用一張桌子串連空間。
❷ ▶ 用架高地坪與玻璃牆，劃分公私兩大領域。
❸ ▶ 應用萬向軌道打造可移動的牆，讓書房未來可轉變成第二房。

運用手法 1.2.3

① ▶ 長桌整合　② ▶ 萬向門　③ ▶ 高低差

1 一張長桌整合平台

一般居家空間，幾乎每個房間都會需要一張桌子，設計師藉由一張桌子將客廳、餐廳、主臥、書房的需求化零為整，使桌子扮演多重角色，是一道矮牆，做為沙發的靠背，也可是餐廳的飯桌、書房閱讀的書桌，或主臥的化妝台。

2 玻璃通透，空間自由伸縮

主臥與書房區域架高地板做收納運用，並將地板突出於客廳成為座席。私領域與公領域使用玻璃隔間，中央的柱子以水泥粉光處理後，使原本突兀的結構化為玻璃盒中的端景，當放下百葉簾時則可納入書房，形成獨立寬敞的主臥。

3 用移動牆製造第二個房間

考慮客房需求以及孩子將來需要自己的房間，書房與主臥預留了各自獨立的出入動線，而書櫃門片使用萬向軌道，成為一道可移動的牆面，可以完全阻隔主臥與書房，形成兩個獨立互不干擾的房間。

■ 空間設計 & 圖片提供 / 尤噠唯建築師事務所 尤噠唯　TEL：02-2762-0125　048 / 049

走廊也是書房，過道變成情感交流的中繼站

坪數 ■ 單層 15 坪	屋況 ■ 中古屋	家庭成員 ■ 夫妻 +1 子	建築形式 ■ 夾層	格局 ■ 三房一廳→三房兩廳

夾層做到滿，坪數多兩倍，但暗房卻佔很大！

樓高4米5的房子分成上下兩樓層，將原本只有15坪的使用面積增加至將近30坪，但因為夾層太深，加上家具擺放不太正確，整體空間令人感到壓迫，2樓夾層用不到的陰暗迴廊反而佔去大面積空間。此外，房子沒有規劃餐廳，只能在客廳用餐。於是，設計師變更了樓梯位置，在回字動線上編排廚房、玄關等不同屬性空間，使走廊達到最有效利用。此外，二樓空間的迴廊區域，利用挑空與玻璃介面引光，消除壓迫感，使這裡仍能保持明亮舒適，變成家人共同的閱讀區。

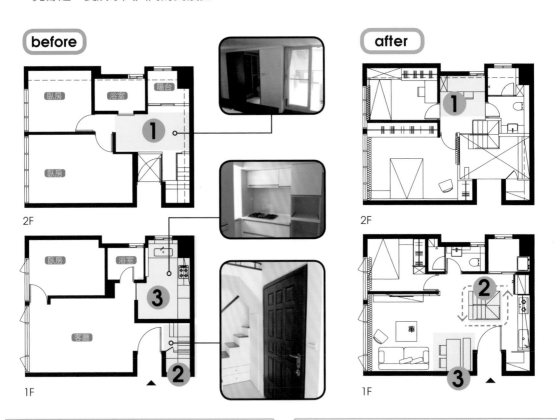

before

2F

1F

after

2F

1F

NG

❶ ▶ 2樓夾層的迴廊區為暗房，不但面積大，且不常使用。

❷ ▶ 樓梯位置不當，與玄關壓迫，並造成2樓大片閒置空間。

❸ ▶ 廚房太小，且沒有餐廳，只能在客廳用餐。

OK

❶ ▶ 公共迴廊成為全家人的閱讀空間。

❷ ▶ 將樓梯位置移位，讓走廊空間多重利用。

❸ ▶ 客餐廳合併使用，挪出用餐空間。

1 公共迴廊也是書房

原本陰暗的迴廊區域改用玻璃介面引光並挑空處理，做為銜接樓梯到主臥、小孩房、衛浴三者的過渡。此區域範圍雖然不大，但因相鄰著梯間挑空，因此視覺上也不顯壓迫。此外，更複合了書房機能，做為全家人的閱讀空間。

2 將樓梯移位，造就走廊多重利用

將樓梯置於平面中央，廚房與玄關直接設在迴遊動線上，使走廊空間多重利用。而樓梯量體所應對的四個面分別有不同使用方法：客廳的展示櫃、玄關的鞋櫃、廚房的電器櫃，以及客廁外可雙向使用的獨立洗手槽，另外還隱藏電氣箱等功能。

3 客廳與餐廳合併使用

廚房採取開放式設計，將餐廳與客廳合併為一個較大的公共空間，雖然廚房必須經過玄關才能到達餐桌，但玄關為使用頻率較低區域，加上無屏隔阻擋，餐廚空間尚能保持完整。

■ 空間設計＆圖片提供 /
大雄設計 林政緯 TEL：02-8502-0155

十字走道合併書房，完成凝聚力空間

坪數 ■30坪	屋況 ■ 新成屋	家庭成員 ■ 夫妻+2子	建築形式 ■ 單層	格局	三房兩廳+一廚+兩衛→兩房兩廳+一廚+兩衛+共讀書房

缺乏書房，小孩房擁擠，空間浪費在走道上！

溝通空間設計的初期，屋主就表示未來這個房子的配置必要有主臥、小孩房、客廳、餐廳，以及獨立的親子書房。依照原始的狀況來看，房間數量並不敷使用，若兩個小孩各自擁有房間，書房勢必要與餐廳合併使用。於是，設計師取消主臥更衣室，利用櫃體重新定義主臥與小孩房，使兩個孩子可以共用一個大房間，並將另一個房間設計成兼具工作室、小孩書房與起居間等多重角色的空間，加上客廁開口轉向，讓小孩房的使用範圍向外延伸，具有套房機能。

before

after

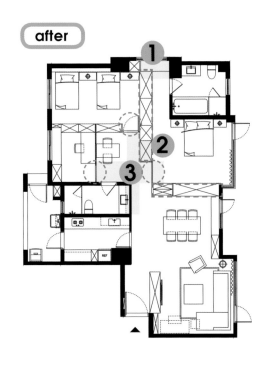

NG

❶ ▶ 更衣間擠壓到次臥，空間不夠兩個孩子共用。

❷ ▶ 為了溝通房子深處的各空間，形成長而無用的走道。

OK

❶ ▶ 主臥更衣間取消，利用雙面衣櫃重新界定，滿足主臥與小孩房的收納需求。

❷ ▶ 書房使用玻璃牆區隔，主臥衣櫃背面嵌入電視，書房可變身為起居視聽室。

❸ ▶ 讓門片的概念消失，把走道併入空間做重複利用。

運用手法 1.2.3

① ▶ 櫃體取代更衣室 ② ▶ 穿透合併 ③ ▶ 消除門的隔閡

1 雙面衣櫃取代更衣室又界定空間

主臥與餐廳、小孩房改以櫃體隔間，不僅取代更衣間功能，衣櫃的加總長度較原本增加許多，滿足兩人份的衣物收納量，並讓小孩房得以加大；而進出浴室的走廊底端嵌入一張小桌，除可做梳妝台外，當男主人或女主人需要獨處時，走廊空間也具有一人小書房的功能。

2 工作室＋書房瞬間變成起居間

將爸爸的工作室和孩子們寫作業的書房放在一起，運用清玻璃做為區隔的暗示，使工作室既可獨立使用，也可陪伴孩子閱讀。走道上，主臥衣櫃背面嵌入電視與視聽設備，使這個空間又能轉變成全家娛樂用的起居間。

3 十字空間重複利用

設計者在「門」上做了三件事情，第一是盡可能地將門片拉高置頂，降低壓迫感，使門的概念消失。第二是把門化為牆，將橫拉門結合櫃門，使的形體隱藏。第三是運用清玻璃做暗示，讓光線可以四處流動，空間可以結合，促使從客廳通往臥房必經的「十字空間」被重覆使用。

memo 了解「門」的差異才能活用

傳統門片：可分為單開、雙開與子母門，空間隱密性最高，但使用太多則容易喪失空間感，需要獨立性與隱私感時使用，如大門、房間、廁所。

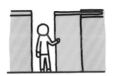
橫拉門：又稱推拉門或滑門，可節省打開空間，但隔音效果不如傳統門片，製作成本也高，平時想維持開放的空間可設計為隱藏式，隱藏在牆中或如本案結合櫃門。

摺疊門：效果類似推拉門，通常用做臨時性隔間，收起時能讓視覺更開闊，常用在和室、書房、餐廚。摺疊門可分為單片與雙片，跨距較長的空間須使用雙片，若設置在對角就能輕易區隔出獨立空間來，經常被使用臨時客房或廚房隔間。

老倉庫新生，活用壁面凹凸補充機能

坪數 ■26 坪　屋況 ■ 倉庫　家庭成員 ■ 兄妹　建築形式 ■ 公寓　格局 ■ 一大廳→兩房兩廳

舊布行倉庫，零隔間，也零機能，如何轉型成住家？

老家從事布料行業的郭氏兄妹，兩人打算將舊的辦公室改造成住家，以便搬回家鄉定居。當初次進到這個房子時，可以發現整個空間並沒有任何隔間，現場則是囤積很多布樣，顯示過去這裡多做倉庫使用，不僅沒有房間，所有機能性的空間（廚房、廁所、工作陽台）都必須重塑。由於兩兄妹都是成年人，有屬於自己的生活習慣與作息方式，而且房子一側臨大馬路，因而將臥房放在後方較安靜的區域。臥房加上局部輕隔間，設計了凹凸牆，使兩兄妹都有屬於更衣兼儲藏室。共同使用的公共區域則以明亮的檸檬黃，結合原有布料元素，展現出傳承的空間意象。

NG

❶ ▸ 角落有些畸零的稜角，破壞空間的完整度。

❷ ▸ 原本為倉庫，零隔間，毫無住家機能。

❸ ▸ 屋前臨大馬路，需要考量噪音問題。

OK

❶ ▸ 畸零內凹規劃儲藏室與浴室和電視牆拉成一個完整的立面。

❷ ▸ 利用開窗位置，空出可洗衣、晾衣的工作陽台。

❸ ▸ 因房子一側臨大馬路，因此將臥房規劃在內側安靜的區域，並創造雙更衣室，取代衣櫃。

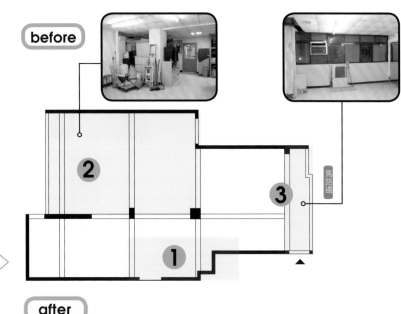

before

馬路邊

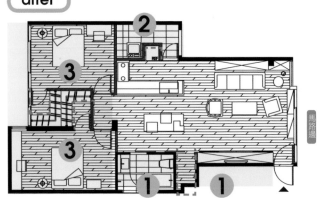

after

馬路邊

運用手法 1.2.3　　① ▶ 立面整合　② ▶ 凹凸牆　③ ▶ 雙更衣室

1 整合電視櫃、儲藏室與浴室成連貫立面

以收納櫃取代電視牆，櫃體突出的深度與結構內凹的深度加起來，剛好可以設計一間完整的四件式衛浴；而設計師使用舊有布料製作了四片滑門，整合電視櫃、儲藏室與浴室連貫的立面，平時可將電視隱藏起來，變成一道裝飾牆。

memo **化大柱子為餐桌，形成空間焦點**

空間中央有一根很大的柱子，大部分的人會覺得這是一個障礙物，不過如果將柱子結合餐桌與蛋形天花板，就成為空間趣味的焦點。

2 凹凸形隔間牆恰好擺放冰箱和洗衣機

原空間沒有陽台，在有開窗的位置空出半戶外空間，當成洗衣、晾衣的工作陽台，而隔間牆設計成凹凸形，恰好塞進廚房冰箱與陽台洗衣機。廚房以較高的吧台區隔，具有通透性，也可以遮蔽吧台上常用的電器。

3 臥房擺內側，置入雙更衣室

考量老屋結構安全，原有牆壁保留不動。房子一側面臨大馬路，因而將臥房放在後方安靜的區域。沿著樑隔出兩個房間，原有短牆加上輕隔間打造兩座 L 型對稱的更衣室，取代衣櫃。

■ 空間設計 & 圖片提供／非關設計 洪博東　TEL：02-2750-0025　054 / 055

用2+2房概念，實現家族大滿足的度假小屋

坪數 ■ 32坪	屋況 ■ 新成屋	家庭成員 ■ 非固定使用者	建築形式 ■ 夾層	格局 ■ 兩房一廳＋兩衛＋夾層三房→兩房兩廳＋兩衛＋兩夾層臥榻＋儲藏室

超蓋夾層，3米6樓高變成不舒服的「低頭宅」！

這是兩間小套房打通所形成的房子，前屋主為了爭取更多使用空間，將較小一戶完全鋪滿夾層，但因樓高只有3米6，上下空間都無法站直，只能做成通舖使用。除此之外，所有空間都使用彈性隔間，空間定位不明確，過於寬敞的浴室浪費不少坪數，廁所連門都沒有，極度缺乏隱私。由於屋主希望以家族度假小屋來設計，必須有數個獨立房間來容納不同家庭，並要有大人的聚會空間與孩子們的玩樂室。設計者將隔戶牆移除，把公共空間放在中間，用以連結私密空間；並將夾層縮減，以「2+2房」概念來設計，打造出兩個機能完整的臥房與兩個多功能使用的遊戲臥榻。

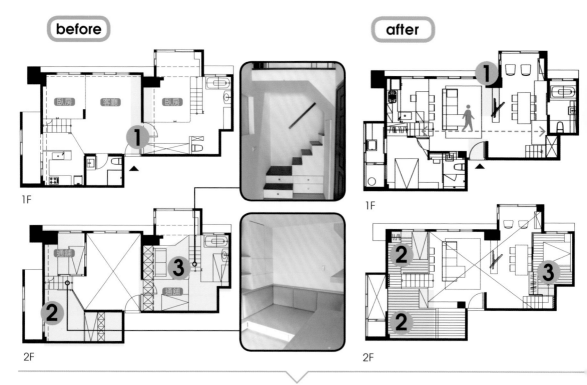

before

1F / 2F

after

1F / 2F

NG

❶ ▸ 兩套房合併，僅靠一個小門相通，界線壁壘分明。

❷ ▸ 需要能容納數個不同家庭的房間以及小朋友的遊戲間。

❸ ▸ 平面2/3都做夾層，因高度不足，上下空間都得彎腰。

OK

❶ ▸ 敲除隔戶牆，讓平面中間產生完整的公共區，用以連結空間。

❷ ▸ 以「2+2房」概念設計，在廚房與房間疊上夾層，做為兒童遊戲區。

❸ ▸ 主臥設在夾層上，利用局部降板，爭取更衣間站立高度。

運用手法 1.2.3 ① ▸ 零走道設計 ② ▸「2+2」房概念 ③ ▸ 降板運用

1 用公共區連結空間，走道不浪費

由於客餐廳放在中間、房間／夾層靠兩邊，可保留中央挑高空間感，公共區域更直接取代走廊功能，減少純走道的空間浪費。

2 獨立房疊上臥榻，打造孩子專屬遊戲區

左半部平面規劃為臥房與廚房，並將孩子的秘密小窩與客人臥榻區疊在房間與廚房的上方，隔間牆不到頂，保留上下空間互動。此外，將上下樓梯的扶手折板，延伸成廚房輕食吧，一體成型界定廚房、客廳與上下空間。

3 更衣間用降板爭取站立高度

平面右半部的夾層上為臥房，下為客廁與儲藏室。因儲藏室不需太多高度，因此將此處夾層的樓板降低，使上方更衣室可以站著使用，使穿衣整裝不彎扭。而寢區只有睡覺時間使用，高度較低無妨。

(memo) 局部玻璃界面，打造趣味觀景角

臥房不規則的玻璃量體鑲嵌，中間落地窗使視線穿透至餐廳，減少壓迫感。房間角落設計出L型低窗，使視線可以穿過陽台、看出窗外，變成欣賞海岸風光的觀景角。

坪數 ■ 36坪 （不含複層）	屋況 ■ 新成屋	家庭成員 ■ 夫妻+2女	建築形式 ■ 單層	格局 ■ 四房兩廳 + 兩衛→三房兩廳 + 兩衛 + 多功能房 + 三夾層臥榻

只有四房格局，要容納主臥、兩間兒童房、練舞室、和室、客房？

房子大約36坪，屋主對空間規劃除基本的三房需求之外，還希望有客房和書房。但原本的格局設計4房已是極限，要如何才能滿足這家人的需求？幸好這個空間還留有「高度」。設計師決定用複層手法增加使用坪數，將3個房間以3座樓梯，增加3個獨立複層，將睡眠臥榻上移，讓出下方寬敞完整的活動區，成為接待客人的和室、孩子的書房、練舞室，讓使用面積足足大了2／3以上，給予孩子寬敞的成長空間。

before

after

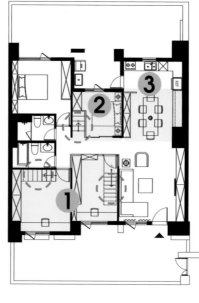

夾層

NG

❶ ▶ 原本的四房不符合需要，希望能有完整主臥、兩小孩房、書房和客房，且書房與客房功能希望分別獨立。

❷ ▶ 廚房小而封閉，缺乏互動。

OK

❶ ▶ 在兩間兒童房增設樓梯，增加複層空間。

❷ ▶ 和室上方複層做為臥榻區作為客房使用。

❸ ▶ 餐廳兩側設置餐櫃與書櫃，餐廳也可以是書房。

運用手法 1.2.3

TIPS

① ▶ 增加複層　② ▶ 上下結合　③ ▶ 餐廚合一

1 睡榻上移，增加孩子活動區

利用空間高度在兩間小孩房內增加複層空間，樓下可做為孩子念書、跳芭蕾的書房或練舞室，利用內梯爬上夾層，上層空間不相通，得以保持空間獨立性。

2 運用樓梯，上下串連書房與客房

屋主同時需要安靜的書房與客房來招待親友，但客房的條件必須是一個獨立不受干擾的空間。設計師運用書房／和室上方複層做為臥榻區，但樓梯設置在房間外，使進出動線不用經過下方的房間。

3 餐廚空間也可以是書房

屋主擁有大量藏書，同時也希望營造出一個熱愛閱讀的空間氛圍。設計師將廚房打開、與餐廳串連，其兩側的櫃體除了餐櫃之外，另一側則是鑲嵌鏡面的書架，餐廚空間的角色可以隨時轉換成開放書房。

利用落差在 19 坪內切出一屋兩書房

坪數 ■ 19坪	屋況 ■ 新成屋	家庭成員 ■ 夫妻+1子+1長輩	建築形式 ■ 挑高	格局 ■ 兩房兩廳+兩衛→ 三房兩廳+兩衛+兩書房

屋高落差 120 公分，全室只有 19 坪，又要兩間獨立書房，怎麼辦得到？

特殊的建築結構，在室內前後兩區形成兩種不同的屋高，屋前高度是4米2，屋後高度陡降至3米，120公分的屋高落差必須克服。此外，室內約20坪，原先僅有2房2廳的規劃。考量到一家四口三代同堂的需求，女主人平日在家工作，需要一間獨立的工作室兼書房使用，加上男主人專用的書房，且兩間書房必須擁有良好的互動性。於是將挑高的角落，切出上下兩書房，夾層區的玻璃地板、玻璃樓梯，更把挑高房子獨有的「視覺高度」保留下來。除此之外，主臥格局透過將小空間「開放」、「整併」，搭配床頭牆外凸的處理，取得最舒適與便利的使用性。

before / after

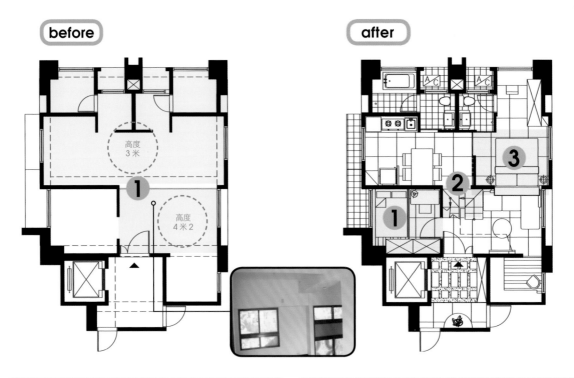

NG

❶ ▸ 房子屋前高度是4米2，屋後高度是3米，有120公分的落差必須克服。

OK

❶ ▸ 利用夾層切出上下書房，不但空間獨立，又可互動溝通。

❷ ▸ 將三折式樓梯擺在屋子中央，所有空間機能由此發散。

❸ ▸ 主臥床頭牆區塊剛好是客廳沙發區上方樑柱的位置，於是刻意外凸，爭取空間。

運用手法 1.2.3
① ▶ 夾層上下切出互動書房　② ▶ 樓梯擺中央　③ ▶ 床頭牆區塊外凸

1　4米2挑高角落，切出上下兩書房

夾層整個透空化，創造小空間增大的視覺效果，擴大空間尺度的「視覺高度」。另一方面，玻璃夾層的上下兩區發展成書房，滿足男女主人各自擁有獨立書房，彼此又能溝通對話。

2　三折式玻璃梯居中，客廳方正了

樓梯關係到客廳的可用空間、家具擺設座向等，若是順著室內的後半段抬高空間橫著走，沙發與電視牆之間的距離立即受到壓縮，最後決定將樓梯設在室內中心，採3折梯形式，從客廳先走6階，抵達抬高1米2的餐廳、主臥，再往上折，轉進夾層區。

memo　鐵板折梯製造輕盈感

考量到空間小，要用「挑空」條件來擴大空間感，在樓梯部分可以透明設計來表現。為了營造折梯的輕盈感，在梯子材質選用鐵板作為主架構，再利用雷射切割方式，切出一階階的斜梯造型，兩片雷射切板之間，利用角鐵來連接，擺上一片玻璃踏板。為了踩踏間的安全起見，玻璃踏板最好採用雙層膠合強化玻璃。

3　主臥向客廳借地，放大空間

原始配置的雙大套房格局，存在著一個獨立的小空間，且臥寢區擺下一張雙床就幾近滿載。於是將封閉獨立的小房間改為開放式空間，加上主臥床頭牆區塊刻意外凸，向牆後的客廳借地，主臥主便有了開闊深遠的舒服景深。

借高低結構順勢推演出趣味 Loft

坪數 ■22.5坪	屋況 ■ 中古屋	家庭成員 ■ 夫妻	建築形式 ■ 挑高	格局 ■ 兩房兩廳＋兩衛＋廚房→兩房兩廳、開放書房＋兩衛＋廚房

錯層結構一分為二，切斷空間連結性！

這個房子的結構很特別，房子一半的樓高是3米2，另外一半的地板下降，樓高變成了4米2。遇到這樣的空間，通常大部分的人會很「直覺」地沿著空間的斷層帶切割，將挑高區變成上下兩層樓的夾層，而原始格局的狀況也是如此。但這樣做的話，就失去了房子原本特色，也讓空間缺乏聯結與互動。利用房子本身3米、4米2結構，設計者將房子樓高3米的前半段區域，藉由廚房打通、外移，合併了餐廳，並與客廳維持良好開放關係。4米2錯層結構中，設計師刻意不做滿，僅留2／3夾層區域，剩下1／3保持挑空，下方則安排開放式書房，發揮房子後半部空間的降板優勢，打造成具有高低變化的趣味Loft。

NG

❶ ▸ 廚房關在狹小的空間內，放不下冰箱且缺乏無互動。

❷ ▸ 左半部地板下降（樓高4米2），將平面一分為二，且上方夾層做滿。

❸ ▸ 兩間廁所都在一樓，二樓使用必須到一樓來，相當不便。

OK

❶ ▸ 拆除廚房隔間，鞋櫃與廚具一體，兼做屏隔，塑造玄關。

❷ ▸ 縮小夾層面積，打造出樓高4米2的開放書房。

❸ ▸ 夾層臥房利用玻璃牆隔間，拓展空間深度。

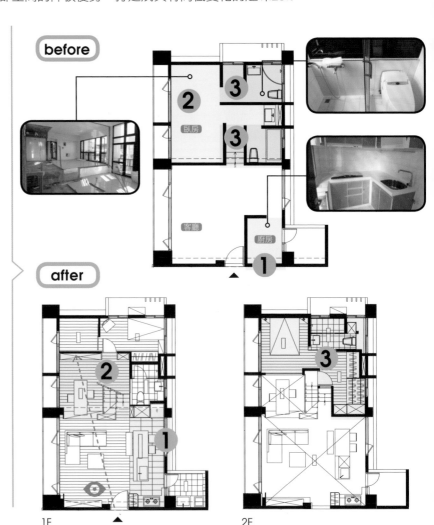

before

after

1F

2F

運用手法 1.2.3

① ▶ 餐廚開放　② ▶ 降板挑空　③ ▶ 玻璃盒臥房

1 移除隔間牆，餐廚開放合併

廚房隔間牆移除，使廚房可以從小空間解放，將廚房設備左右靠牆配置，並利用客廁泥作局部內推，使冰箱鑲嵌恰可與電器櫃成平面。水槽移到中島並結合餐桌，餐廚便能合併使用，地坪考量落塵好清理，改用地磚，藉由地坪變化暗示與客廳界線，做開放式界定。

2 地板下降結合書桌

一樓只保留一間浴室做為客用，以乾濕分離淋浴間取代浴缸，使節省下來的空間可以配置一間單人客房（也當預備小孩房）與儲藏室，剩下降板區皆為開放書房，使原本牆線內退，大大拓展進門的視野。書桌與客廳直接用高低差界定，利用台階高度加上 L 形木作，便成了書桌，趣味感十足。

3 玻璃盒臥房內外穿透

降板區下方房間較不常用，樓板高度設為 190 公分，上層就可有 200 公分較舒適，因為夾層不做滿，書房多半位在挑高。夾層配置具備更衣室、衛浴的主臥，睡床區雖只有 2.2 坪，但落地玻璃窗卻可眺看整個空間，加以樓梯與屏風牆亦採用鏤空的鐵件打造，視線穿透使景深達到最大。

■ 空間設計＆圖片提供 / 大雄設計 林政緯　TEL：02-8502-0155　062 / 063

02

一家人相處

設計一個大區塊,凝聚家人的向心力。

　　藉由格局改善家人之間的互動,設計時應該先了解家庭成員平日生活的行動模式與休假日的行動模式。在動線設計上盡可能讓大家可以走進公共空間,增加彼此接觸的機會,最好避免家人回家直接進入房間的隔間方式,例如玄關正對樓梯直接上二樓房間,或玄關走道先到房間再到客廳等。

　　促進互動的格局,主要的重點在於公共空間營造是否令人感到放鬆與舒適,吸引家人走出房間,例如將全家最重要的共用空間(視家庭不同,有的是客廳、有的是廚房或書房)放在空間採光視野最佳的位置,便是一種設計手法;其次還可利用開放、上下樓層挑空等手法將空間聯合在一起,即使家人在不同區域活動,彼此還是不疏離。只要妥善安排大家可以互相見面、互相談論事情的地方,親情自然就跑出來了!

手法 **1** **LDK 圍塑** ≫ 把 LDK 集中於一區，培養家人情感

若要讓家人容易聚在一起，建議將 LDK（客廳、餐廳、廚房）設計成一個大型房間，例如，使用輕食吧、矮櫃、半高牆、中島等代替牆來進行界定。相較於個別獨立的規劃，這種開放式設計可讓整體空間變得寬敞，也能很容易地看見家人在其他空間的活動情形，對有幼兒的家庭而言，也是一種讓大人放心的空間規劃。甚至，可以將廚房從狹小的空間釋放出來，利用餐桌或中島增加工作檯面，有助孩子們可以加入料理行列，分擔父母家務。
圖片提供__大雄設計

手法 **2** **誘導聚焦** ≫ 將設備安排在共享區，促進家人互動

電腦身兼工作、娛樂功能，甚至還是寫作業的幫手，孩子們往往一用電腦就沉迷不可自拔，窩在房間不出來，令人感到煩惱。其實，這些具致命吸引力的設備天生就是「叫賣者」，只要放對位置，就能成為招攬家人群聚的工具！建議將臥房單純化，將這些迷人的設施（電腦、遊戲機、電視機）集中在娛樂室或書房，讓家人在同一個空間裡使用，促進交流的機會。此外，並可利用多功能隔間（摺疊門、玻璃牆、半高牆等），保持較大的開放性，避免空間孤立。圖片提供__馥閣設計

本單元使用符號　👤 動線　👁 視線　☀ 採光　💨 通風

case I 用餐桌串起全家人活動，生活如一場派對

坪數 ■ 34.5坪	屋況 ■ 新成屋	家庭成員 ■ 夫妻+1子	建築形式 ■ 單層	格局	毛胚屋→兩房兩廳 + 一廚 + 兩衛 + 起居間兼書房

從零開始做夢，如白紙般沒有任何隔間的毛胚屋！

這間房子住著不同國籍夫妻所組成的家庭，先生是美國人，太太是台灣人，兩人都曾在國外居住過一段時間，平常生活習慣相當美式，假日也喜愛邀請朋友一起度過。兩人期待的家是可以一起讀書、煮飯、聊天的地方，而非總是圍著客廳看電視。

購下這間如白紙般的毛胚屋時，從討論設計開始，兩人就清楚告知需求，只需有一間臥房與小孩房，其餘空間則盡可能地開放吧！為了擴展空間的開放感，公共區域中心以長向的線條整合餐桌、廚房中島及電視櫃機能，並且運用不同層次及材質的板塊堆疊概念，從地面發展至天頂，將餐廳、客廳、起居間串接起來，打造出全家人共同使用的寬敞場域。

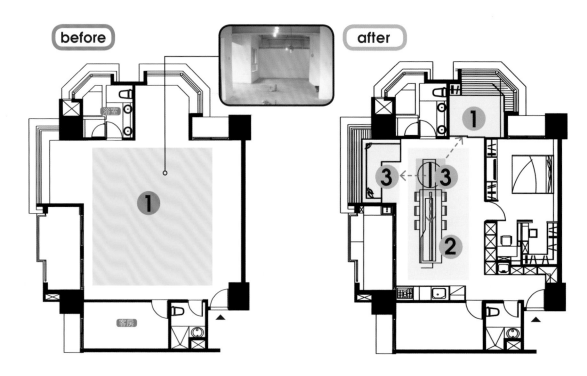

before / **after**

NG
① ▶ 如白紙一般，沒有隔間的毛胚屋狀態。

OK
① ▶ 起居間架高地板，打造孩子的遊戲基地。
② ▶ 設置中島吧台，既是餐桌、工作桌，也可以當作書桌使用。
③ ▶ 中島旁的旋轉電視，可三向使用或上下調節高度，機能十足。

運用手法 1.2.3

 ① ▶ 高低地板成遊戲場　② ▶ 一中島三用　③ ▶ 旋轉電視

1 高低地板成為孩子的遊戲基地

起居間利用架高地板和公共區相連，熱愛戶外活動的屋主希望透過高高低低的地板，讓孩子可以爬上爬下練習大肌肉，而未來小孩需要獨立房間時，起居室可用推拉門區隔，平時不用時則可將門片隱藏在牆壁內。

2 一個中島，餐桌、工作桌、書桌共用

男女主人的身高較高，設定中島檯面高度約92～93公分，功能類似吧台，可搭配較高的吧台椅，也適合多人聚會時站著使用；但平時屋主又希望餐桌可以代替工作桌或書桌，因此將面窗一側的地板墊高10公分，以便搭配較舒適可久坐的餐椅。

3 旋轉電視方便三向使用

窗邊內凹空間放入屋主喜愛的舊沙發，結合窗台設計，恰好成為舒適的臥榻區。為了靈活運用空間，在中島旁的電視採用鋼管設計，螢幕除了可隨意地旋轉，還可以螺絲卡榫調節高低位置，方便餐廳、臥榻、起居間三向使用。

memo 機能堆疊的趣味中島

開放式的中島是整體空間的主題，運用不同材質表現錯落堆疊，營造隨興、自然的感覺，除此之外，這些塊體也結合了收納及廚房機能。

❶最上層以傳統手工打造一體成形的磨石子檯面，中央結合了景觀用的鋼槽，以及清洗杯盤與水果用的小水槽。

❷中段為廢料實木拼接，裡頭隱藏抽屜，可用來放常用的刀叉、筷子等餐具。

❸最下層為廚櫃，採用質樸的水泥板做為門片，可用來收納較不常用的碗盤或鍋具。

❹最下層延伸突出的矮櫃，結合鋼管電視架，做為視聽設備櫃，使用黑玻璃不影響搖控訊號接收。

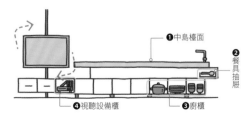

❶中島檯面
❷餐具抽屜
❸廚櫃
❹視聽設備櫃

廚房、書房、陽台全改造，增進親子共享時光

| 坪數 ■ 37.5坪 | 屋況 ■ 老屋 | 家庭成員 ■ 夫妻+1子 | 建築形式 ■ 單層 | 格局 ■ 三房兩廳一廚一和室→兩房兩廳+一廚+開放性書房 |

大量封板牆，造成公共空間狹窄無比，家人互動不易！

這對年輕夫妻接手長輩換屋留下的老房子，希望能為小女兒打造可培育興趣的家。不過老房子的狀況實在不好，大量封板牆造成客廳狹窄，穿透感很弱，動線也不方便。此外，房子基本機能匱乏的問題更是嚴重，陽台不好曬衣、廁所太小，原本空間堆滿雜物，可說是沒有多餘空間提供親子共讀、讓各成員經營興趣。由於家庭成員簡單，並不需要太多房間，因此設計師將隔間清除，藉由兩道不同高低的牆面，將公共區劃分出客廳與閱讀書房；並將和室拆除，開創寬敞的廚房工作區，讓孩子學著下廚。將陽台空間還原活化，使父母有更多空間陪孩子玩手作、種園藝，創造流露著溫馨幸福氛圍的空間。

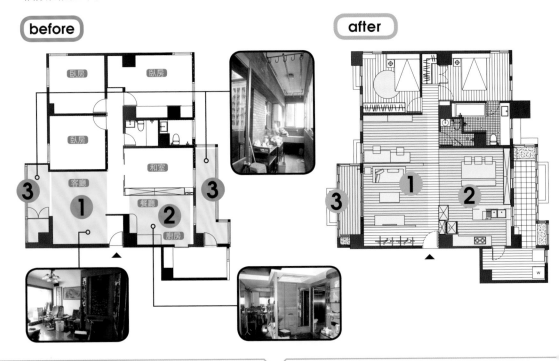

before

after

NG
① ▶ 大量的封板牆，導致公共空間很窄。
② ▶ 餐廚空間太過狹小，走道變得窒礙難行。
③ ▶ 陽台呈現半廢置的狀態。

OK
① ▶ 客廳與書房以一道波浪造型矮牆區隔，開放式的書房是母女玩手作的快樂天地。
② ▶ 拆除和室，併為餐廚空間，並將備料區面向餐桌，待在廚房也能與家人互動。
③ ▶ 復原陽台空間，加裝小桌板和洗手槽，成為蒔花弄草的遊戲區。

1　書房開放，親子手作更好玩

將一間房間併到客廳，以一道矮牆區隔書房，電視牆刻意不做到天花板，可以讓狹窄的客廳看起來較大，而波浪造型更為空間增添不少南歐鄉村風情。採取開放式的書房不只可用來寫功課或讀書，也是媽媽與女兒最愛的玩手作舞台。

2　下廚不面壁，用餐添樂趣

和室拆除後，多了寬敞的用餐空間。廚櫃沿著窗設立，以中島分為兩區，一邊給爸爸玩咖啡用，一邊則是媽媽與女兒一起下廚的工作區，並將水槽設在中島，餐前洗菜備料或餐後清潔洗碗都面對著內部空間，即使長時間待在廚房也能與家人保持互動。

memo　面壁式廚房 vs. 面對面式廚房

60 公分
30 公分

左 ▶ 爐火與水槽設在靠牆側，好處是可以專注於料理，但也缺乏互動較無聊。
右 ▶ 水槽設在面餐廳的中島，好處是長時間工作也可以看到家人活動狀況。不過，這樣的設計要注意水槽前端必須預留一段至少 30 公分的檯面（一般檯面深度為 60 公分，也就是說要有 90 公分才行），以防濺水灑出。

3　還原陽台，為生活加分

將陽台空間還原，前陽台鋪上南方松地板沿續室內的感覺，並加裝小桌板與陶盆改裝的洗手槽，成為玩花草的遊戲區，增添生活情趣。

■ 空間設計 & 圖片提供 / 馥閣設計 黃鈴芳　TEL：02-2325-5019

廚房切牆，開啟愉快料理時光

| 坪數 ■31.5坪 | 屋況 ■ 老屋 | 家庭成員 ■ 夫妻+1子 | 建築形式 ■ 單層 | 格局 ■ 三房兩廳＋兩衛→兩房兩廳＋書房兼客房 |

**餐桌廚房分兩地，
媽媽煮飯沒人幫，
還要揮汗折返跑！**

兩夫妻與孩子同住在這間三房格局的房子，從平面圖看來是漂亮的三房兩廳，但廚房旁多出來的房間太小，只好拿來堆積雜物。此外，封閉狹小的廚房沒有多餘空間擺餐桌，餐桌得放在開放區塊，動線穿過走廊，造成媽媽備餐時得來回上菜的忙碌狀況。這家人認為客廳、餐廳、廚房應該要變成一個共同活動的空間，尤其是喜歡下廚的媽媽，更希望待在廚房時，仍可以感受到其他空間的活動。於是，設計師將重要的餐廳放在採光好的位置，並藉由切牆手法使封閉廚房半開放，視覺可穿過餐廳，一邊工作也能看見客廳的活動，也方便其他家人一起幫忙備餐。

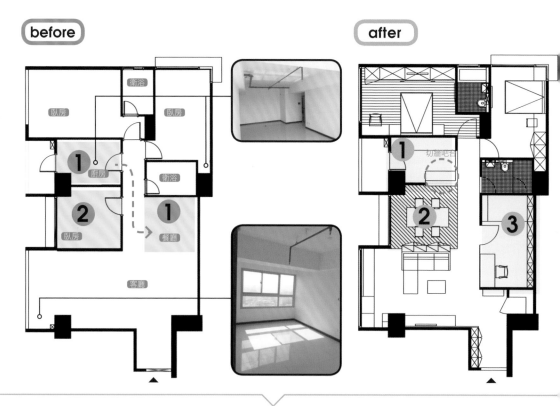

before

after

衛浴 / 臥房 / 臥房 / ①廚房 / 衛浴 / ① / ②臥房 / ①餐廳 / 客廳

① 切牆吧台 / ②餐桌 / ③ /

NG

❶ ▶ 廚房與餐廳距離遙遠，端菜上桌還需穿過走廊。

❷ ▶ 廚房旁的房間太小，又是暗房，只好拿來當倉庫。

OK

❶ ▶ 廚房轉角局部開口，將切牆變成吧台。

❷ ▶ 拆除暗房隔間，將餐廳移至此處，與廚房和客廳連成一氣。

❸ ▶ 餐廳移位後，原來的位置用強化玻璃界定出書房空間。

運用手法 1.2.3 ▶ 廚房切牆 ▶ 開放餐廳 ③ ▶ 書客房共用

1 廚房局部開口，切牆結合吧台

廚房轉角隔間牆做局部開口，並移除門框，將切牆變成吧台，使廚房與餐廳保持半開放關係，每當媽媽完成一道料理，就可先放在吧台上，再由孩子幫忙端上桌。

memo 關於切牆

一般水泥牆拆除的方式有水刀切割和一般打石兩種方式。水刀切割切割的平整度優於一般打石，所以常用在送菜口、開窗口或是門洞的開口等 RC 或是磚牆面上。不會因為電鑽打鑿震動的關係，導致牆面坍塌或是傷及保留下來的牆面。水刀切割是以周長米數為計價單位，費用比打石較貴，且意外傷到牆體內管線的機率較高，但製造噪音的時間較短暫。

2 餐廳往廚房靠攏，客餐廚連成一氣

廚房旁邊的房間是餐廳的最佳位置，將暗房兩側牆面都拆除，利用矮櫃與客廳區隔，取得舒適尺度，用餐時也能一邊看電視。

3 玻璃＋木作定義書房與客房

順著走道的面拉一道牆，界定書房空間。屋主希望偶爾也能兼當客房使用，考慮採光與隱私效果，在書房區使用強化清玻璃隔間，藉由視覺穿透取得與客廳的一體感，臥榻區則使用木作隔間。

客餐廳負關係，從一個階梯開始改變

坪數 ■66坪	屋況 ■ 中古屋	家庭成員 ■ 夫妻+2子	建築形式 ■ 透天厝	格局 ■ 五房兩廳 + 四衛→五房兩廳 + 開放廚房 + 四衛

長型屋被梯間打斷空間感，客廳與餐廳前後感覺疏離！

這棟四層樓的透天別墅，屋主希望一樓為共享的大開放空間，二樓以上才是家庭成員各自的臥房。不過，房子的形狀為長條型，縱深較長，佔據中央的樓梯不僅影響採光，突出的梯階與柱體將空間分為前後兩部分，客廳、餐廳、廚房如何各佔領域，又能維持良好互動是設計的重點。

如果將客餐廚分開視為三個空間，單層面積不大的空間勢必更加狹小與紊亂。設計師透過地坪高低暗示餐廚與客廳的區隔，另一方面，則運用家具結合空間的手法，模糊空間的界線，讓空間感可以達到最大化。

NG

❶ ▸ 因樓梯轉折突出兩階，將空間切成前後兩塊，且梯下空間畸零。

❷ ▸ 空間縱深很長，前後空間連結性不足。

OK

❶ ▸ 整個餐廳墊高18公分，消弭梯階造成空間高低落差的不平整感。

❷ ▸ 廚房中島台吧台結合餐桌，打造可容納多人聚會的據點。

❸ ▸ 將樑下的畸零空間化為電視主牆，地板採用與主牆相同材質，延伸至餐廳。

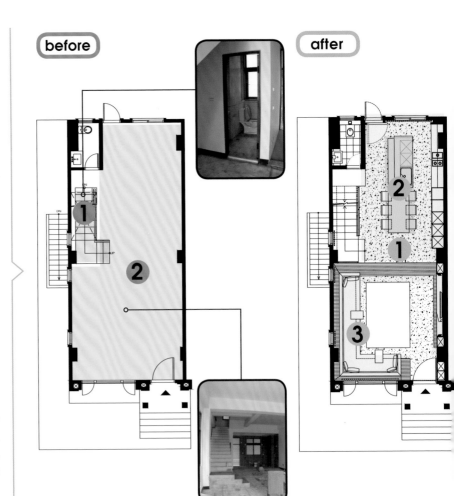

before

after

運用手法 1.2.3 ① ▶ 玻璃牆運用 ② ▶ 中島吧台＋餐桌 ③ ▶ 模糊邊界

1 地板墊高＋玻璃牆，消弭樓梯量體

將整個餐廳區域的地板墊高 18 公分，使樓梯的第一階消失，而同時梯間並以玻璃扶手取代牆體，達到輕量與透光效果，消弭了梯階過於突出的障礙感。前後區域利用地板的高低差，自然劃分出餐廳與客廳的界線。一樓與地下室梯間的安全性處理，以強化玻璃取代牆，視覺通透加上一體成型的磐多魔地板，讓畸零空間消失。

2 卡布里台概念，打造多人聚會餐桌

取日本料理餐廳概念，將廚房中島結合吧台與餐桌，以整塊上好實木打造的卡布里台（壽司台）直接延伸成為餐桌，線性安排有助於將餐廳活動拉向客廳，提升兩空間的互動性。

3 家具結合空間模糊邊界

將樑下畸零空間化為電視主牆，以鍍鈦金屬為底，運用不對稱立體斜角櫃將柱子隱藏起來，不中斷立面的連續性。與電視牆相同的木料也直接運用在地板上，連綿的底座成為客餐廳交界的踏階、邊几與沙發底座，家具與室內結合，模糊空間的界線。

■ 空間設計＆圖片提供／珥本室內設計 陳建佑　TEL：04-2462-9882　072 / 073

客廳借用書房概念，每個角落都是讀書席

坪數 ■ 33 坪	屋況 ■ 中古屋 傳統公寓	家庭成員 ■ 夫妻 +1 子	建築形式 ■ 單層	格局 ■ 三房兩廳 + 兩衛→ 兩房兩廳 + 兩衛 + 開放書房

書房密閉又狹小，無法營造良好的親子共讀環境！

從事雜誌編輯工作的女主人，希望空間體現男女平等的概念，廚房不再是媽媽獨自作業的緊閉室，而是全家人樂於一起參與的興趣空間；此外，重視閱讀的夫妻倆，希望房子裡還要有互動關係良好的書房，無論走到哪都能夠閱讀。這間老公寓的格局主要缺點在於書房密閉、廚房過小、陽台窄長，設計者以小幅度變動，運用退讓、打開、穿透隔間，調整出滿足種種需求的生活空間，並且顛覆傳統客廳就是沙發圍著電視牆的思考，以附滾輪沙發靈活調整客廳方向性，可自成一區、延伸書房、結合餐廳，滿足平時在家／朋友來訪、視聽娛樂／安靜閱讀等兩面需求。

NG

① ▶ 書房狹小密閉，與其他空間互動連結小。

before

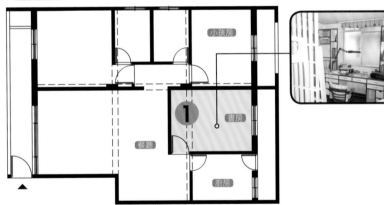

OK

① ▶ 書房採用類和室的做法，並用鐵件玻璃門隔間，靈活開啟與關閉。

② ▶ 客廳和書房採用同一種鐵件吊掛系統，書籍分區擺放，客廳也可以是書房。

after

運用手法 1.2.3 ① ▶ 通透隔間 ② ▶ 書房延伸

1 書房通透隔間，收放自如

書房使用類似和室的處理手法，2 米 ×2 米架高面積，界定出鮮明的領域，隔間使用三件式鐵件玻璃滑門，平常可把空間釋放出來，變成客廳的一部分；書房內加裝木百葉，必要時也能放下來，讓女主人有安靜工作的空間。

2 打散書房機能，延伸至客廳

客廳既是全家看電視、聽音樂的空間，也是書房延伸的一部分。設計師將同一種鐵件吊掛系統應用在書房與沙發背牆上，比較隨興的書可以放在客廳；工作用的書則可以放在書房，機能與視覺互為延伸，將書也變成裝飾的一部分。

memo 家具裝輪自由挪移

客廳、餐廳、書房連通為一個軸帶，原因是設計師將所有機能與收納，利用壁櫃、層板或櫥櫃等，安排在左右兩側的牆面，當在家裡辦聚會的時候，沙發與茶几的底座都有加裝輪子，可輕鬆挪開，寬闊的中央區域就出現了。

書房併入大客廳，誘導家人齊聚一堂

坪數 ■ 23坪	屋況 ■ 老公寓	家庭成員 ■ 夫妻+1子	建築形式 ■ 單層	格局	三房一廳 + 一廚 + 一衛→ 兩房兩廳 + 開放書房 + 一衛

吃飯配電視、回房玩電腦，狀況格局讓人好疏離！

這個房子位在新北市三重的老大廈內，因為廚房與廁所形狀擠壓，使公共區寬度不足、客廳與餐廳的配置受限於玄關動線。又因房間佔去了採光優勢，相形之下，客廳顯得陰暗擁擠，重視公共空間的屋主為此感到困擾。於是，設計師將廚房與浴室做調整，使牆面後退，拓展公共區深度。並將面積不小卻始終荒廢的後陽台加以利用，成為高機能的獨立廚房。最後，在前陽台鋪上碳化木打造舒適休憩區，並以架高地板完成全開放書房，使前後左右區域能與整個空間保持高度互動。

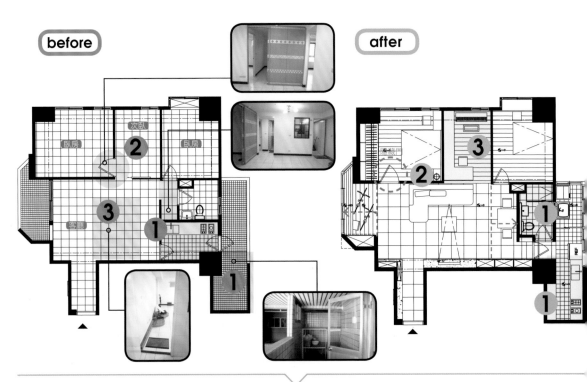

before

after

NG

❶ ▶ 長條型廚房擠壓客廳寬度，為了切齊廚房形狀，造成不必要的空間浪費。後陽台多一個儲藏間，但荒廢不做利用。

❷ ▶ 房間開口設計不良，必須經過次臥才能進入主臥。

❸ ▶ 受限於玄關動線，沒有擺餐桌的空間。

OK

❶ ▶ 調整廚房與廁所的位置，讓牆內退，增加餐廳空間。

❷ ▶ 主臥門改位，修正動線，讓客廳沙發有完整背牆。

❸ ▶ 次臥打開成為開放書房，只用地板分界，與客廳維持良好互動。

1 廚廁重新配置，拓展客廳寬度

將廚房挪到後陽台的儲藏間，改變浴室形狀與出入口位置，使公共區的寬度可以加大，並增加放餐桌的空間，並充分運用牆凹畸零空間，將電視牆、餐櫃做一體規劃，完成開放式客餐廳。調整後，廚房與浴室的空間都較原本加大，機能也更完善。

2 主臥門移位，用前陽台二次拓展客廳

將主臥門移位，改善主次臥的動線互相打擾問題，並讓沙發背後有完整的靠牆。此外，將前陽台鋁門窗移除，打造出開放休憩區，二次拓展客廳寬度。主臥門與天花做一體造型設計，運用大塊面整合，減少視覺切割的凌亂感。

3 全開放書房，前後互動性高

將次臥隔間全面拆除，空間打開後設定為書房，書桌、鋼琴與電腦設備集中，完成全家共用的興趣區，並且只以架高地板略做區隔，孩子在這裡練琴、寫功課時，在客廳活動的父母只要轉個身就能關心。

房間配置角落，打造吸引人的中央小廣場

坪數 ■ 47 坪	屋況 ■ 中古屋	家庭成員 ■ 夫妻 +2 子	建築形式 ■ 單層	格局	四房兩廳 + 兩廁 + 獨立廚房→三房兩廳 + 開放書房 + 中島廚房 + 兩衛 + 儲藏室

> **房間分配過多，壓縮餐廚空間，剝奪愉快的晚餐時光！**

平日工作繁忙的屋主夫婦與兩位學齡孩童同住，夫妻兩人因為經常需要將工作帶回家處理，需要有獨立的工作區。原始格局房間分散四個角落，使公共區形狀窄長、採光不足，而餐廳受到玄關擠壓，感覺畸零，位置也與廚房、房間動線衝突。以三房思考進行調整後，將三個房間設定在平面週邊，形塑出完整的公共區，並將多餘房間打開成為客廳延伸，恢復了空間的開闊尺度，也改善的採光問題。擋在平面中央的客廁利用兩個門，成為工作區到廚房的捷徑，形成客廳、餐廳、廚房、書房緊密的動線關係，促進家人之間的相處互動。

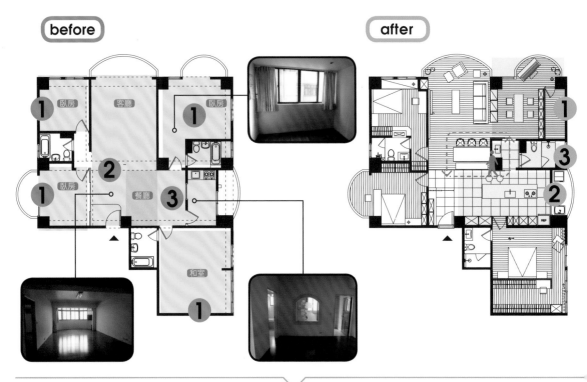

NG
① ▶ 房間分散四個角落，並各自獨立，缺乏可互動的共同書房。

② ▶ 公共區被房間壓縮，形狀窄長，造成採光不足。

③ ▶ 廚房檯面過短，餐廳空間受制玄關，並與房間動線打架。

OK
① ▶ 多餘房間釋放出來，增加開放工作區與儲藏室，改善客廳採光與空間感。

② ▶ 廚房空間打開，利用電器櫃兼做隔間，隱藏主臥門，形塑出完整的開放餐廚。

③ ▶ 佔據中央的廁所，將洗手檯獨立，設計兩個門，打造空間捷徑。

1 半高櫃取代牆，讓工作室與客廳緊密相連

首先把多餘的房間打開，以半高櫃界定出夫妻共用的工作區，並以鐵件、木料打造可展示紀念品的書櫃，後方則是可放吸塵器或旅行箱的大型儲藏室。雖然小孩房各自有書桌，但在孩子年紀小時，可在房外的餐桌上一起寫功課，手足之間可互相陪伴。

2 大檯面中島廚房，親子可共用

將廚房從狹小的空間釋放出來，利用吊隱式空調的管道間，將爐台些微位移，使與洗滌槽並列在長中島上。利用柱間安設收納量充裕的連續廚櫃，並將主臥門片一體整合，使整個餐廚空間變得寬敞。最棒的是工作檯面變大了，孩子們可以加入料理行列，分擔父母家務。

3 橫亙的浴室，用兩個門打造捷徑

原本主臥浴室變成客廁，為了讓浴室更方便左右空間共用，將面盆外移、與突兀的大柱子結合，達到修飾效果；並在兩側設計橫拉門，如此一來也讓空間動線呈良好的回字型，以便工作之餘方便到廚房泡杯咖啡，休息一下。

03

生活動線

家要舒適便利，就從動線規劃開始。

　　若是覺得走起來辛苦或麻煩，是因為行進當下處在「明顯在走路」的心理狀態，所以特別容易感覺到走廊是無謂浪費的空間。要避免這個狀況，動線設計就不能超過一個房間以上的長度，否則就容易產生壓迫感；倘若遇到不可避免的較長動線時，可利用盡頭端景、材料變化，解除單調的心理狀態，沖淡走道的封閉感，或者運用局部退縮，使長長的走廊多了喘息的空間，讓動線可以流暢地錯身與迴轉。

　　動線大約可區分為 L、O、T、U 等型，整體而言，以 O 型（又稱「環狀動線」）最佳。環狀動線的好處是不會限制單一空間的關係，空間到空間可以有兩個方向，所以不用回到起點，就可以移動到下一個空間，自由度較高。也由於沒有盡頭，小朋友可以來回奔跑，讓家就是遊樂場。而環狀動線還具有增加角落使用頻率的優點，不會產生「人跡罕至」的死角。

動線類別與特性

動線類別	特性
O 型 （環狀動線）	不會限制單一空間的關係，空間到空間可以有很多不同的動線選擇，自由度高。
L 型	如果動線上的空間都是密閉式的話，容易造成走道過長、或走道光線不夠等問題。
T 型	中古屋或長型屋較容易發生，房間配置在動線左右兩側，從公共空間到房間的動線不會過長。
U 型	從一端到一端的動線最長，必須穿越很多空間才能到達，比較適合用在中、小坪數空間。

手法 1　迴遊串聯 ≫ 迴遊動線上的迷人生活風景

通常存在於開放空間，設計時要注意將房間出入口配置在動線四個角落，盡量不要切斷回字的面，倘若穿越的只是零碎的空間，那「遊」的意義就不大了，逼不得已的狀況下，可用隱藏門片來解決。迴遊動線的重點在於繞行的過程要有景的安排，或許是可停下腳步看看書的書架、畫作等。圖片提供＿將作空間設計＆張成一建築師事務所

手法 2　家務輕鬆 ≫ 作業流程一貫化，提升做家事的效率

不管是職業婦女或是全職媽媽，都需要有個可以輕鬆又高效率完成家事的動線規劃。在設計動線時，以「移動輕鬆、不彎曲、盡量不交叉」為最理想。將家事相關的區域集中在一起，減少移動，做起家事就能提升效率。尤其廚房與工作陽台這兩個空間的設備，必須按照使用先後順序安排，用起來才不會一片混亂，而較好的安排是家務動線就位在迴遊動線上，移動效率較高。圖片提供＿直學設計

手法 3　雙門捷徑 ≫ 兩扇門，兩個動線方向出入更自由

空間設計兩道門的用意有三，一是尺度較大的房間可以設計兩扇門，讓動線從兩個方向都能進入，增加空間的可及性；二是希望空間可被共用，例如兩個房間共用一間書房或衛浴時。第三種情況，則是遇到 U 型動線的平面，可在橫亙空間設計兩道門，打造出空間捷徑。使用雙門捷徑的設計前提是，盡量不設在隱私空間（用在浴室則要設兩道可上鎖的門），此外，雙門捷徑只適合當成輔助動線，若當做為主動線，容易造成空間彼此干擾。圖片提供＿匡澤空間設計

本單元使用符號　動線　視線　採光　通風

case I

用U軸柔化稜角，翻轉出雙動線飯店套房

坪數 ■ 23.8坪	屋況 ■ 中古屋	家庭成員 ■ 夫妻	建築形式 ■ 單層	格局 ■ 三房兩廳＋一廚＋兩衛→ 一大房（含書房）兩廳＋一廚＋兩衛

屋型差、切割碎，稜角超級多，動線無法順暢銜接！

年輕屋主夫妻喜歡住飯店度假的感覺，提出以行政套房 **註** 為概念的設計想法，希望擁有寬敞的主臥，並預備一間次臥，做為將來的小孩房。不過，原格局的問題相當嚴重，主因來自於大樓設計之初，房子的形狀不工整，邊緣稜角很多，再加上空間切割破碎，導致未能營造出開闊的空間感，動線也無法順暢銜接。為了解決上述問題，設計師將機能集中於中央服務盒（Service Core），完成空間通透一體的U型平面，並藉由木作牆與訂製沙發化解銳角，順暢帶動軸線轉彎。

before / after

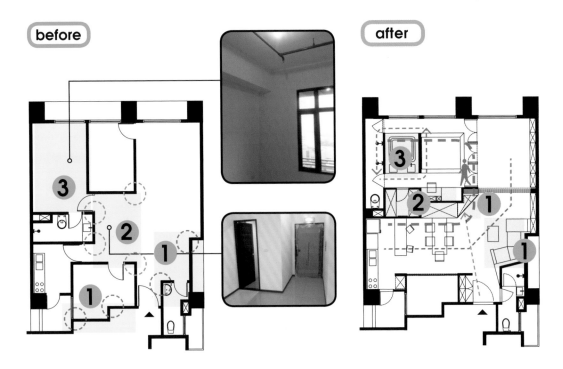

before

after

NG

❶ ▶ 屋子的形狀不佳，有許多稜稜角角（紅色部分）。

❷ ▶ 隔間使空間感破碎，且製造更多稜角，造成心理壓迫（藍色部分）。

❸ ▶ 主臥太小，規劃方式不符合屋主期待。

OK

❶ ▶ 電視櫃、沙發、沙發背牆，引導軸線轉彎，化解空間銳角。

❷ ▶ 機能集中在服務盒（Service Core），形成U型平面。

❸ ▶ 主臥取行政套房雙動線精神。

註 ▶ 行政套房意指有臥房、客廳、衛浴、廚房的成套房間，通常為衛浴也採雙人設計，有兩套盥洗設備。

運用手法 1.2.3

① ▶ 軸線斜向轉彎　　② ▶ 機能集中服務盒　　③ ▶ 主浴雙動線

1 斜向設計，暗示軸線轉彎

訂製沙發的扶手是玄關進門的動線引導，將視線焦點（藍色虛線）放於居家的中心「壁爐」，即使用沖孔板加上 LED 燈設計的電視櫃。此外，電視櫃採用斜向設計，搭配沙發背後的實木造型牆軟化突兀的銳角，成功將空間軸線（綠色虛線）轉向，讓動線可以順暢連接。

2 用服務盒打造開放 U 型

將主臥更衣間、儲藏室、化妝台、嬰兒換尿布檯與客廳電視櫃等所有機能集中，在空間中央打造一個服務盒，使平面成為 U 型，依照「開放、私密、最私密」動線順序安排空間，將主臥放在最裡面的位置。而界於客廳與臥房之間的書房，兩界面都使用門靈活隔間，平時可做為臥房的延伸，當有訪客時也可以併入公共空間，延展客廳範圍。

3 主浴雙動線，使用不干擾

主臥有如飯店行政套房的雙動線設計，滿足屋主夫妻的期望。將浴缸放在睡眠區後方，利用床背牆屏障，而最內側則是最隱私的淋浴間與廁所。此外，白色磨石子浴缸一體成型結合雙人梳妝台，特別使用懸吊式鏡子，避免影響採光。

■ 空間設計 & 圖片提供／無有設計 劉冠宏　　TEL：02-2756-6156　082／083

運用三大動線，設計動靜皆宜的遊憩宅

坪數 ■ 74坪	屋況 ■ 新成屋	家庭成員 ■ 夫妻+2子	建築形式 ■ 單層	格局 ■ 三房兩廳＋三衛→ 三房兩廳＋三衛＋休憩走廊

一個蘿蔔、一個坑的無趣格局，如何變「好玩」？

顛覆房間一個蘿蔔一個坑的作法，這個案子將房間局部打開，打造出可在家裡散步的格局。首先，這是一戶面對湖岸的住宅，擁有不錯的前後採光面，面對湖景還有兩個前陽台，環境先天條件良好。原本格局設定為三個房間，數量雖夠，但因為屋主夫妻育有兩個活潑好動的小男孩，兩個孩子的年紀小，需要的是遊戲的空間，房間反而不需要太早定位。於是，設計師調整房間配置，沿著窗邊設計循環動線，讓房間在白天時可以開啟成為一條走道，將彈琴、閱讀、遊戲等空間放在這條帶狀空間上，充分利用環境優勢，打造出大人與小孩皆可享的遊憩空間。

before

after

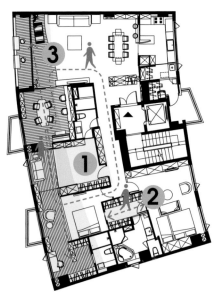

NG
① ▶ 兩間次臥希望能打造為遊戲空間。
② ▶ 走廊缺乏有效運用。
③ ▶ 窗外有湖景，卻無法連動與共享。

OK
① ▶ 將尚不需被定義的小孩房安排在窗邊，並設計環狀動線，打造孩子的遊樂場。
② ▶ 更衣室雙開口設計，方便媽媽晚上就近照料幼小的孩子。
③ ▶ 運用架高手法，將室內平台延伸至室外。

運用手法 1.2.3

① ▶ 環狀動線 ② ▶ 雙開口動線 ③ ▶ 休憩走廊

1 用循環動線打造孩子的遊樂場

為了讓房間白天可以變成遊憩空間，設計師將不需要太早定位的兩間小孩房調整至窗邊，使用隱藏拉門做靈活界定。年紀小的弟弟尚且需要和父母一起睡，所以在其房間加入不少遊具巧思，不僅有鞦韆，立面加入造型鏤空，可讓孩子們攀爬。白天將門片全打開，形成一個循環動線，讓孩子在家就能樂翻天。

memo 走廊變身儲藏室和閱讀區

走廊如果只能用於行走，往往過道空間讓人感覺很浪費，但設計師將次臥局部退縮，加入隱藏收納櫃設計，讓走廊空間擁有龐大的收納機能，取代了儲藏室。除此之外，窗邊帶狀空間兩側也有書櫃設計，屋主的藏書不僅豐富了空間，沿線散佈沙發與單椅，當沿著動線尋找讀本時就近坐下來（或席地而坐）閱讀。

2 方便媽媽照料的雙開口動線

由於年紀較大的男孩已經可以自己睡覺，所以房間放入完整家具，而此外，主臥更衣間還設計了雙開口，方便媽媽晚上可以就近照料孩子，等孩子長大需要隱私，再用邊櫃擋起來即可。

3 集休憩、閱讀於一身的帶狀散步道

在房子的外立面不得變動的情況下，陽台地面加上南方松鋪面，讓室內架高地板有向外延伸的一體感，使陽台有限的寬度不感覺狹窄，並在女兒牆上加入了桌面，將不好使用的陽台變成賞湖景的停駐點，讓客廳休憩區、書房等共享空間串聯成一條湖岸散步道。

■ 空間設計 & 圖片提供 / 將作空間設計 & 張成一建築師事務所 張成一　TEL：02-2511-6976　084／085

浴室走道化，12坪套房也能擁有雙動線

坪數 ■ **12坪**	屋況 ■ **中古屋**	家庭成員 ■ **夫妻**	建築形式 ■ **單層**	格局 ■ 一房一廳＋一衛→ 一房一廳（兼書房）＋一衛

浴室居中央，廚房被發配邊疆，12坪套房注定小又擠？

正對林蔭大道的12坪小套房，擁有不錯的都市風景，兩個年輕夫婦提出的居住需求是希望能在有限坪數內做到麻雀雖小五臟俱全，滿足一般住家該有的臥房、客廳、廚房、書房等機能。原本格局最大問題在於，浴廁位於空間中央位置，但受制於管道間，位置無法大幅更動。導致浴室採光通風差，也造成廚房擠在閉塞陰暗的角落、無法發揮廚房正常的功能。在坪數限制下，設計師翻轉浴室既有觀念，用不鏽鋼衣櫃、透明淋浴間、隱藏便所等手法將「浴室走道化」，完成具迴游樂趣的雙動線，同時援引綠意深入每一個角落。

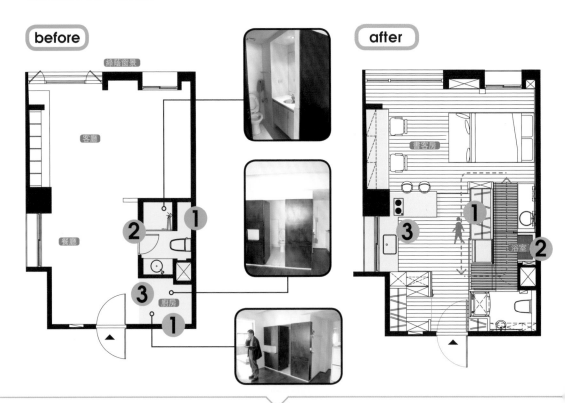

before / **after**

NG
❶ ▶ 因浴室擋在空間中間，整個空間只有單向動線。

❷ ▶ 浴室無對外採光通風，相當陰暗。

❸ ▶ 廚房的位置不好，沒辦法享受窗外林蔭風景。

OK
❶ ▶ 衣櫥兼冰箱櫃取代牆，位在空間中央，拉出便利的雙動線。

❷ ▶ 打開浴室，將淋浴間化為走道。

❸ ▶ 廚房移位，將機能靠牆，利用高低差暗示空間區隔。

運用手法 1.2.3 ① ▸ 雙動線　② ▸ 空間隱形　③ ▸ 高低差運用

1 美型儲物櫃取代牆面

將冰箱櫃和衣櫥整合取代牆面，並因位居空間中央，成為雙動線的軸心。衣櫃則用特別設計的滑門將冷硬的機能感軟化為美型牆面。由於直接用衣櫥區隔梳妝淋浴間，考慮水氣問題，衣櫥背面塞入玻璃棉隔熱，並使用鏡面不銹鋼當成穿衣鏡，可避免長久使用水銀剝落斑駁。

2 可伸縮隱藏的淋浴空間

將一天僅使用一次的淋浴間、與不需要私密的洗手槽（兼梳妝台）從浴室內移出，淋浴間使用全透明的強化玻璃打造，利用左右拉／推門圍塑出乾濕分離區，而當門片收起來時，淋浴間就開放成為走道的一部分。走道盡頭的便所也可藉由反射玻璃拉門區隔，達到隱形的效果。

（memo） 檜木條地板化解浴室衝突感

將浴室打開成為空間的一部分，乍聽之下相當衝突，但設計師在鋪面上不使用傳統的磁磚，而使用天然防水的檜木條，兼具洩水與美觀功能，讓開放出來的浴室不會感覺突兀。

3 高低差暗示空間層次

廚房位移後，利用半島便餐台區隔前後空間，並藉由地板架高來暗示空間層次，維繫視覺上的通透開放。由於書桌的桌面很深，利用桌下空間設計書櫃，也能減少視覺上的壓迫。此外，藉由書桌與床尾沙發的擺放方式，體現出「圍聚」精神，完成具體而微的客廳。

■ 空間設計 & 圖片提供／將作空間設計 & 張成一建築師事務所 張成一　TEL：02-2511-6976　086／087

牆線退讓 3 米，完成餐桌為中心的環狀走道

坪數 ■ **29.3 坪**	屋況 ■ **老屋**	家庭成員 ■ **媽媽 +2 子**	建築形式 ■ **單層**	格局 ■ **三房兩廳 + 兩衛→ 三房兩廳 + 兩衛**

房間佔較大面積，反而沒有用餐的地方，只能客廳兼餐廳！

屋齡有20年以上的老公寓，原格局為了保留較大房間面積，使得公共區域較小，甚至沒有用餐的地方，只能客廳兼餐廳使用，加上廚房一道類似屏風的牆（可能是為了風水設置），造成轉折不便的動線，也浪費走道了空間。於是，設計師將多餘的牆面剔除後，房間的界線從兩側退開，一個寬敞的長方型空間就出現了；並且，設計師將牆面退縮留下的柱子隱藏在櫃子裡，成為餐桌倚靠的端牆，牆後設有單人走道，無論從哪個房間到客廳或廚房的動線，都能發現這是以餐桌為中心的家。

NG

❶ ▶ 客餐廳面積狹小，放不下餐桌。

❷ ▶ 廚房外一道屏風牆，造成動線轉折。

before

OK

❶ ▶ 局部拆除隔間牆，釋放出空間給餐桌，並以它為中心形成一個環狀動線。

❷ ▶ 拆除廚房的隔間牆，讓上菜的動線不再迂迴曲折。

after

運用手法 1.2.3 ① ▶ 釋放畸零走道 ② ▶ 吧台取代實牆

1 釋放畸零走道，創造環狀動線

將三個房間的隔間牆局部敲除（after 平面圖藍色部分），將主臥浴室向內加大，使兩間浴室的牆面可以拉平，，將原本狹小的走道拓寬至 3 米，形成完整的餐廳空間。因為隔間內退後，餐桌位置出現尷尬的落柱，便以端景櫃方式隱藏起來，並保留牆後走道，形成一個環狀動線，讓餐桌成為家的中心。

memo 延展牆面加大客廳

沙發正對的主牆面過短，做為電視牆顯得有些氣短。於是，在牆面落差處訂製一個收納櫃，使電視牆的文化石鋪面可以延續，利用假牆錯覺延伸客廳的空間感。除此之外，陽台兼玄關的牆面刷漆與沙發背牆同調，具有將室外拉進室內的延伸效果，設計者利用牆面色彩與材料延伸，使客廳向內／外展開。

2 開放式輕食吧代替隔間牆

廚房隔間牆拆除，讓上菜的動線順暢。在廚具增加一段開放式檯面取代隔間，平時做為享用輕食的吧台；為了避免烹煮油煙飄散，加裝透光度良好的玻璃式拉門，並做一段假牆遮擋工作台面的瓶瓶罐罐。

從烹煮到上菜，一字動線快速完成

| 坪數 ■ 33 坪 | 屋況 ■ 中古屋 傳統公寓 | 家庭成員 ■ 夫妻 +1 子 | 建築形式 ■ 單層 | 格局 ■ | 三房兩廳 + 兩衛→ 三房兩廳 + 兩衛 + 親子廚房 |

工作陽台和廚房窄又小，只容得下媽媽孤單做家事！

老公寓經常可見前後陽台的房型，然而此格局的陽台太過窄長，洗衣機與工作水槽只能放在兩端，每當洗衣、晾衣得來回拿取，還得撥開重重的衣服才能前進。此外，廚房太過閉鎖，餐廳位置尷尬，若將餐桌放在Ⓐ處，進出陽台、廚房與書房的動線都會被干擾，若是放在Ⓑ處，上菜距離則太遙遠。為此，設計師考量到陽台與廚房是家中重要的工作區，所以留出兩人可以共同使用的寬度，先製造舒服的工作區，用起來愉快，家人也樂意伸出援手，為媽媽分擔家務。另外，也藉由陽台內退，連帶地將廚房往空間內部移動、更靠近餐廳，讓料理和上菜都可以在一字型動線內有效率地完成。

NG

❶ ▸ 工作陽台窄長，洗衣、晾衣來來回回，不便利。

❷ ▸ 廚房封閉狹小，親子無法共享下廚的樂趣。

❸ ▸ 餐桌位置尷尬，放在Ⓐ處會影響出入廚房；放在Ⓑ處則上菜太遙遠。

OK

❶ ▸ 將 1/3 陽台沿著書房隔間牆內退，創造兩米大的工作陽台。

❷ ▸ 廚房隨陽台內退，依「拿取、洗滌到烹煮」的工作動線，安排一字型廚房。

❸ ▸ 爐台後方增加半高櫃，成為出餐檯；大型餐桌臨近廚房，也可作為備餐檯使用。

before

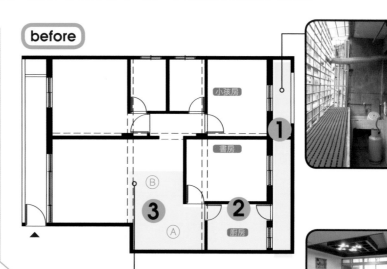

after

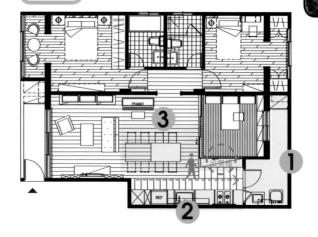

運用手法 1.2.3

① ▶ 陽台內退　　② ▶ 廚房內移　　③ ▶ 餐桌變備餐檯

1 陽台內退釋出工作區

陽台保留一半的長度，做為晾衣空間就已足夠，將後半部空間變更做為小孩房的更衣間，縮短動線長度；並沿著書房隔間牆，將陽台外牆內縮 115 公分，退讓出一個長寬約 2 米的工作區域，放下洗衣機與水槽後還有 140 公分左右的舒適的迴身空間。

memo 工作陽台的基本考量

工作陽台必須要能容納洗衣機、洗滌水槽、熱水器等，此外還要保留晾衣空間，至少得要有 1.5 米×1.8 米左右的面積，才能容納基本需求（若有烘衣機需求，可選擇適合堆疊安裝的機型），最完善的工作陽台甚至還有摺（熨）衣台，並要有衣架、熨斗的工具收納櫃。

2 破除封閉，廚房成一字型開放空間

陽台內退後，廚房空間就往房子中心移動，採取一字型廚具加上開放空間，大約 5 米長的廚櫃依照拿取蔬果、洗滌到烹煮的工作動線，配置冰箱、水槽與爐火，爐火位在通風好的靠窗位置，冰箱則放在方便拿取的客餐廳區。

3 餐桌變備餐檯，親子共享料理樂趣

廚房與餐廳位在同一動線的左右兩側，餐桌與冰箱位置相近，買回來的食物可放在桌上整理再放進冰箱，而餐桌也能當成為備餐檯，全家人偶爾可以一起包水餃或做麵包，享受親子下廚的樂趣。爐台後方增加一個半高櫃，除了增加收納空間，也可以當成餐台。

■ 空間設計 & 圖片提供 / 直學設計 鄭家皓　TEL：02-2357-0298　090 / 091

開關 2 條自然捷徑，連狗狗都能開心奔跑

| 坪數 ■ 45 坪 | 屋況 ■ 中古屋 | 家庭成員 ■ 夫妻 +2 子 | 建築形式 ■ 單層 | 格局 | 五房一廚一廳→三房兩廳 + 開放餐廚 + 客房 |

> **客廳是客廳，房間是房間，封閉的動線，讓人待在家好無趣！**

為了極限運用空間而犧牲前後陽台，造成典型的鴿子籠房子，不僅公共空間被大大小小房間佔滿，廚房、客房與女孩房所形成的不良環狀動線，造成房間互相干擾的窘境。重塑格局時，希望能還原被剝奪的共享空間，因此設計師透過開放手法，讓廚房與客房向客廳開啟更大廣角，使生活場景得以迴轉、放大、縮小。從客廳到主臥、男孩房的動線甚至穿出陽台，當四片門全開啟時，形成兩條直達戶外的捷徑，在這愉悅的環狀動線中，家中的愛犬可自由穿梭，享受追逐奔跑的樂趣。

NG

❶ ▶ 不當動線，空間互相干擾。

❷ ▶ 三個房間各自獨立，空間連動性不足。

❸ ▶ 陽台外推全納入房間，客廳無法與戶外交流。

OK

❶ ▶ 拆除廚房和客房的隔間，與公共空間的動線變暢通。

❷ ▶ 更衣室與書房結合，書桌間的走道動線串連起客廳與陽台。

❸ ▶ 利用雙開門手法，當內外門關起，走道也可為房間的一部份。

before

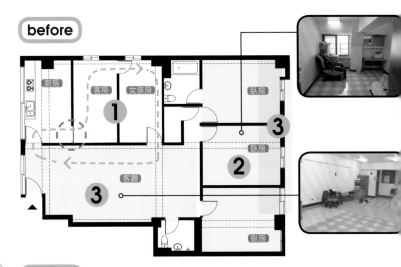

after

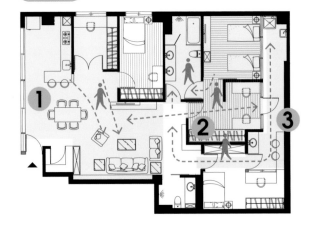

1 打開廚房與客房串連公共空間

將廚房打開延伸空間感，而流理台延伸成為早餐檯，當媽媽做料理的時候，孩子也能在一旁幫忙。考慮長輩偶爾來訪須要過夜，仍舊保留客房，不過特別打造的無框對開門，平時可用地絞鏈固定，保持全開啟狀態，使客廳場景可大可小。

2 將更衣室變成陽台通道

主臥更衣間的動線直接貫穿到陽台，更衣間與書房結合，走道左右兩側分別配置了兩張書桌，屋主夫妻可以背對背地看書，不會打擾到彼此，並享受各自對外窗的小風景。此外，主臥浴室加大並採雙向動線，既可收到套房效果，也可以給其他空間使用。

3 重疊手法打造隱藏走廊

陽台還原後，相對地男孩房空間嚴重被壓縮。利用雙開門手法，將走廊與男孩房空間重疊，當內外門關起，走道便納入成為房間的一部

分；要是將陽台門以地絞鏈固定，客廳便能直通陽台，與外界連結。而設計師又在女兒牆上加裝了摺疊桌，陽台便成為狗兒嬉戲、家人喝下午茶看書的休憩角落。

(memo) 材料延伸模糊交界

男孩房之所以可以和陽台結合，設計師巧妙地運用材質，在室內的書桌區，隔間牆特別用玻璃木窗，使視線可以穿透。其次，則是將室內地磚直接延伸到陽台，沒有間斷的鋪面材料可以模糊內與外的分際。

主客動線分離，親密時光不受打擾

坪數 ■92坪	屋況 ■ 中古屋	家庭成員 ■ 夫妻+2子+長輩	建築形式 ■ 單層	格局 ■ 六房兩廳+四衛→五房兩廳+兩衛+半開放廚房+娛樂室+起居室+書房

有如迷宮的合併戶格局，分割凌亂造成長又曲折的動線

兩個房子打通的合併戶，只是依賴隔戶牆的門洞相通，仍舊維持壁壘分明的關係。原平面將客廳放在距離玄關最遠的位置，因為缺乏貫穿空間的主動線，使得玄關到客廳必須得經過好幾道關卡，不但徒增走道，家人相聚也困難重重。重新調整格局後，設計師將待客區集中在靠玄關的左半部，並將外牆內退，利用陽台與房間分配在平面中設計出主客動線，由於房間掛在動線上，使房間到任何空間的距離都很平均，而空間最內部區域規劃成家人共用的起居間與書房，滿足屋主希望公私區域分明的隱私性。

NG

❶ ▶ 兩戶平面格局合併，僅靠一處開口銜接，左右壁壘分明。

❷ ▶ 客廳設在最內部，距離玄關遙遠、動線曲折。

❸ ▶ 斜向的陽台連續窗，產生畸零角落。

before

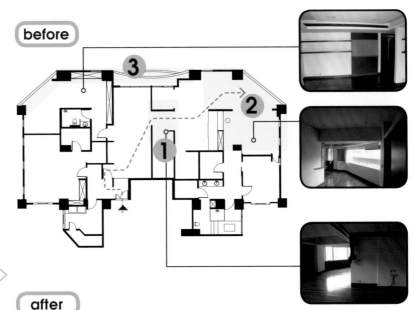

OK

❶ ▶ 待客機能集中在左半部，避免訪客干擾起居隱私。

❷ ▶ 打造貫穿左右的中軸，將房間設在走道上，到公共區距離平均。

❸ ▶ 將陽台內退，打造出第二條動線。

after

1 待客機能集中

將玄關進來的空間設定為公共空間，客廳、餐廳與廚房採開放式設計，並有娛樂間、客廁和獨立客房，將訪客的一切活動都規範在左半部空間，通往房間的走道加裝對開門，必要時可關上，將右半部平面完全獨立，保有家人生活隱私。

2 貫穿左右的主動線

在平面的中央拉起一條貫穿左右的主動線，將兩個小孩房與長輩房安排在這個主動線上，使這條動線的沿途可以直接通往家中所有房間，將長輩房安排在Ⓐ處，鄰近共用廁所，使具有套房般的方便性。

3 陽台還原，增加副動線

平面左右兩側有斜向的連續窗，將這畸零角落與陽台串聯一起思考。將外牆內退還原出舒適寬度後，在陽台左右都設置了出入口，就成了平面的第二個動線。當客人來訪，孩子們可以從陽台回房間或起居間，不必繞過客廳。

04

特殊機能

打造滿足興趣、社交和工作機能的多功能室。

　　除了起居、飲食、休憩，家同時也是重要的社交空間、興趣空間，甚至是在家工作者的辦公室。房子除了滿足了家庭成員的基本需求，還要思考是否加進這些功能。一間好的多功能室，是豐富平凡生活的維他命；但多功能室沒有反應出真正的生活模式，很可能只是虛構出一個用不到的空間。在日本多做和室，用來接待重要的客人、泡茶休憩或者也兼當客房，但台灣生活習慣並不相同，屬性較接近多功能室的房間，用書房來稱呼較為恰當。多功能室的角色不限定於工作室、興趣室、書房、客房，但最好將 2～3 項不同機能複合在一起，通常是將使用頻率較低的功能做附屬設計，如此可以增加坪效，也能避免空間荒廢。

　　此外，把家裡當成工作室，或是愛熱鬧經常辦派對的家庭，房子設計時要格外注意社交機能，最大的難題在於人數流量落差很大，即平時使用的人口並不多，但有可能一遇開會或節日時，公共空間所要容納的人數便可能暴增，空間的彈性就顯得很重要。

手法 1 **工作交誼** ≫ 收放自如的開放性空間，可工作可社交

在有限空間裡，我們不可能無限擴張客廳，不但壓縮其他空間，平時也容易顯得過大或空曠。社交型的房子最常見的是利用開放 LDK，讓餐廚也成為待客區；或者將多功能室（客房、和室、書房）設在鄰近客廳的地方，並用摺疊門取代隔間，需要時可開放成為客廳的延伸空間。另一種方法是利用移動家具、組合式沙發來擴張客廳範圍。
圖片提供＿珥本設計（左）+SW Design 思為設計（右）

手法 2 **興趣專屬** ≫ 將興趣置入，完成個性宅

興趣是生活的潤滑劑，如果從興趣出發想設計，經常可以完成很不一樣的房子（例如把客廳變電影院、把圖書館放進客廳、把客廳放進廚房等）興趣空間可以不必是一個「房間」，只要一個角落、一張專屬桌面、附簡單收納機能就完成。興趣空間利用公共空間或陽台來設計都不錯，比起窩在房間裡獨樂樂，眾樂樂反而可以增進家人的情感，也能培養親子一起玩的樂趣。如果是需要長時間才能完成的興趣，如裁縫、木雕、模型等，則要考慮方便收納性，例如將桌面設計在櫃體內，平時可以收起來隱藏，只要一打開就便可繼續未完成的手作。
圖片提供＿非關設計（左）+ 直學設計（右）

客廳架高走廊，變成朋友專屬 VIP 電影院

坪數 ■ 34.5 坪	屋況 ■ 中古屋	家庭成員 ■ 單身	建築形式 ■ 單層	格局 ■ 三房兩廳＋兩衛→兩房兩衛兩廳＋開放式廚房＋客起居兼書房

更衣室突出不小的區塊，破壞客廳和餐廚空間的完整性！

年輕單身的屋主為在家SOHO的自由工作者，平時活動多在家中，喜歡將公共空間當成工作室與娛樂室使用。屋主雖滿意目前的格局狀態，但更衣間凸出不小的區塊，再加上電器櫃或電視櫃等收納設備，恐怕壓縮客廳與餐廚的尺度。屋主希望設計者能微調主臥、客廳與餐廳三者的界定關係。從天花板、牆壁到電視牆不同深淺的灰階，中性色調輔以大面鏡與玻璃引進室外光、景，讓居住者在各場域的動線自由穿梭，探索空間的趣味性。此外，客廳藉由層次推送的地坪，搭配活動式家具，成為視聽娛樂的中心。

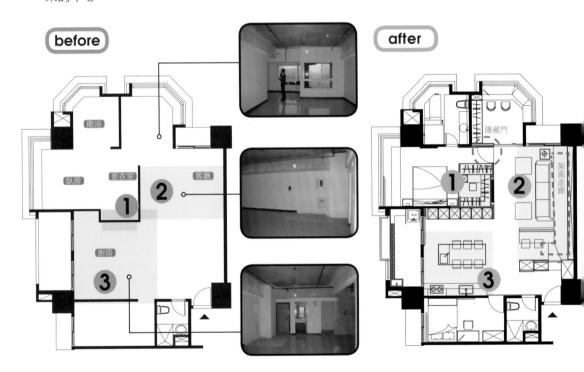

before

衛浴　臥房　更衣室　客廳　①　②　廚房　③

after

隱藏門　架高走廊　①　②　③

NG

① ▶ 凸出的更衣間壓縮到客廳與餐廚空間，無法完全發揮空間的使用效能。

② ▶ 電視主牆長度過短，納入三人座沙發之後，就容不下更多座位。

③ ▶ 廚房雖已開放，但仍要整併工作、餐廚合一和接待朋友的多元需求。

OK

① ▶ 拉齊更衣室凸出的牆面，以衣櫃和電器櫃取代牆面，保留餐廚與客廳的完整。

② ▶ 架高客廳後半部形成書牆走廊，還可當做劇院式階梯座位。

③ ▶ 以中島和餐桌結合形式，讓餐廚空間成為第二工作、娛樂中心。

運用手法 1.2.3

① ▶ 櫃體隔間　　② ▶ 架高地板成劇場座位　　③ ▶ 中島餐廚

1 用木作包覆，形塑完整的電視牆

將更衣室凸出的隔間牆打掉，將ㄇ型更衣室出入口朝向主臥內側，藉由衣櫃與一整排電器櫃取代牆壁，另一面電視主牆使用木作包覆至電器櫃側面、主臥並採暗門設計，形塑出完整的主題牆。

2 劇院式階梯座位，客廳也是家庭劇院

客廳後半部為架高走廊，整面格子書牆收納屋主平日工作用的參考書籍；其次，當朋友們來訪時，放下投影屏幕，將一字形沙發拆解移位，客廳瞬間變成家庭劇院。

memo 是桌也是凳的ㄇ型几

方便人多時沙發可以挪移，客廳一字型沙發使用兩張豆腐椅組合而成，為了增加使用靈活度而省略較大的茶几，訂製體積較小的ㄇ字型邊桌，轉個方向也能當成木凳坐。

3 中島型餐廚成為第二工作、娛樂中心

除了客廳之外屋主也希望將餐廚空間當作自己的第二個工作、娛樂中心，因此，將中島結合餐桌形式，廚具和電器櫃皆分別收整在完整的立面上，讓空間更顯俐落。

■ 空間設計＆圖片提供 / 逸喬室內設計 蔣孝琪 · 蕭明宗　TEL：02-2963-2595　098 / 099

客臥收放自如，交誼分區彼此更熟絡

坪數 ■ 55坪	屋況 ■ 新成屋	家庭成員 ■ 夫妻 +2子	建築形式 ■ 單層	格局 ■ 四房兩廳 + 三衛→三房兩廳 + 三衛 + 視聽室 + 更衣室 + 書房

牆面過多，製造視線死角，無法展現大坪數的開闊感！

這對年輕夫妻對家的期望不只要能滿足機能，兩人的交友圈都很廣闊，因此需要一個既能放鬆、又能舉辦派對的寬敞房子。新購入的成屋雖滿足機能，但卻有四個房間，而兩人加上兩個孩子只需要三個房間即可，他們希望能將多出來的房間變成公共區域的一部分，展現家的開闊感。平時空間只有四個人使用，但派對時的瞬間流量將會提升，因此以開放／摺門取代實體隔間，使空間可以維持最大開展度。考慮男女主人的朋友屬性不同，將多餘的房間變成客廳延伸的視聽室兼客房，大小空間的對比性，可彰顯客廳的開闊感，也讓話題不同的朋友可以分區，使客人能感受主人的熱情與周到。

before

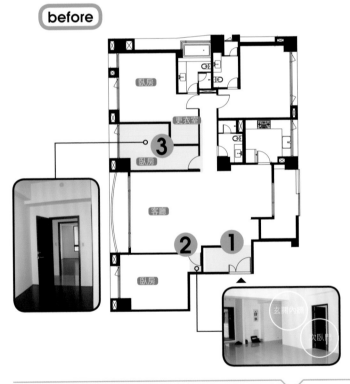

after

NG
1 ▶ 玄關雖機能周全，但隔間方式阻礙視線。
2 ▶ 房間門位在電視牆上，開開關關影響觀賞。
3 ▶ 兩個尷尬的房間，造成更衣室不足、而房間又太小。

OK
1 ▶ 將玄關內牆拆除，使視線達到最大的對角。
2 ▶ 次臥入口內移到電視牆的後方，減少動線和視線的干擾。
3 ▶ 拆除畸零小空間的隔間並架高地板，釋放出更衣室和視聽空間兼客房。

1　打開視覺死角，一進門即開闊

玄關內牆拆除，使封閉的ㄇ字型改為 L 型，視覺死角不見了，使視線達到最大對角，一進門的視野立即放寬，將緊繃心情也放鬆下來。玄關相鄰次臥，兩者彼此獨立，但藉由木地板架高延伸，使分割空間仍能維繫整體感。

2　動線轉向減少主牆干擾

次臥與客廳隔間重做，依照不同物件的收納高度做雙面運用，下方為視聽設備平台，中段懸掛電視不需要厚度，背面則設計為次臥衣櫃。干擾視線的房門內移到電視牆後方，內凹空間利用色彩、燈光與畫作佈置，成為主牆面興味盎然的端景。

3　架高地坪整納空間

空間中央的畸零小房間隔間全拆除，重新拿捏更衣室與視聽室比例，為了讓內凹空間不感覺斷裂，木地板外溢形成一個圍手般的ㄩ型，將公共區域做大篇幅整納。視聽室使用雙開摺門平時可維持最大開啟，並搭配可自由組合的沙發，當組合為一張大床，這裡就變身為客房。

牆壁 Plus 弱電設備，打造移動工作站

| 坪數 ■ 32 坪 | 屋況 ■ 預售屋 | 家庭成員 ■ 夫妻 | 建築形式 ■ 單層 | 格局 ■ 三房兩廳 + 兩衛→
兩房兩廳 + 兩衛 + 書房 |

迴遊動線核心的 L 形隔間牆，如何與各空間產生連結？

屋主希望擁有獨立的書房，卻又不希望專注工作的時候，忽略了與家人相處。在客變階段，就設定書房具有兩個出入口，在空間中形成有趣的迴游動線，與客廳、餐廚保持良好的互動性。也因為迴游動線的想法，這個L形的隔間牆必須具有某些機能或趣味性，才不會使迴游毫無意義，反而拉長了動線。整個平面的設計，最大重點在強化L形隔間牆的機能性，牆面的裡外依照空間屬性設定不同收納機能，內側為書櫃，外側為餐櫃（兼收納櫃），豐富了牆面的機能性。除此之外，並巧妙結合居家生活科技，使牆面不但具有收納，還是一家人關心社區大小事的觀測台，與隨身電腦的工作站。

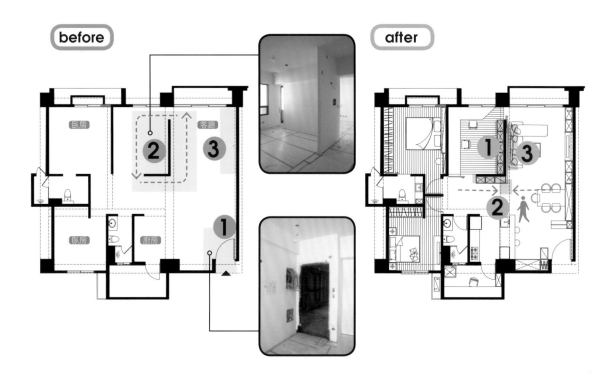

before / **after**

NG
① ▶ 傳統對講機或監控系統位在大門口，不方便使用。

② ▶ 迴游動線上的 L 型牆面必須與機能結合，強化設計雙動線的美意。

③ ▶ 擁有眾多 3C 科技產品，希望有個統一收納和充電的平台。

OK
① ▶ 沿牆設定收納機能，L 型櫃分別被設定為餐櫃與書櫃雙用途。

② ▶ 將監控系統從大門移到空間中央的 L 型牆面上，方便家人駐足觀看。

③ ▶ 將沙發背牆挖出凹槽，成為 3C 產品充電和置身的平台。

1 迴遊動線上的 L 型一櫃雙用

沿著牆面設定收納機能，靠廚房一側可當餐櫃與收納櫃，而書房內部則設定為書櫃，當順著迴遊動線走的時候，還可以一邊欣賞書架上的擺飾，因此不會感覺無聊。再者，書房因為有兩個出入口，無論是從房間或從客廳，都可以很方便地進出，找到自己想閱讀的書。

2 社區活動的觀測中心

現代大樓不少配備高科技的監控系統，有得還兼具資訊佈告欄功能，是相當不錯的設備。將監控系統從大門口移機到 L 形牆面，位在人來人往的動線上，方便家人經過的時候看一下，即使不出門也能掌握社區新消息。

3 沙發背牆化身工作站

靠沙發的牆面特別挖了一個凹槽，不只可以當成搖控器收納的地方，在凹槽上方還加了插座，不但把醜醜的插座藏了起來，也方便筆記型電腦、平板電腦或手機充電，使讓沙發區成為舒適的臨時工作站。

■ 空間設計 & 圖片提供 / 匡澤空間設計 黃睦傑　TEL : 02-2751-8477　102 / 103

| 坪數 ■28 坪 | 屋況 ■ 老屋 | 家庭成員 ■ 夫妻 | 建築形式 ■ 單層 | 格局 ■ 兩房兩廳兩衛→一房兩廳兩衛＋工作室 |

> **主臥與餐廳瓜分，客廳比房間小，工作與起居不能並用！**

新婚的設計師夫妻想將老房子改造為婚後的居所以及工作室使用。原屋前陽台面對校園操場，視野很不錯。但是，整個前陽台區域都在主臥裡，經常活動的客廳區反而享受不到，而且公共區域又被吧台切割為餐廳，活動空間太小，無法同時容納工作室與客廳機能。平日兩人最常停留的區域多在工作室，因此將原主臥改為辦公空間；並將廚櫃、廚具、電視櫃集中收納，使客廳、餐廳成為開放空間，並將餐桌結合中島，做為會議桌使用。主臥則以造型門片隱藏於後方區域，使空間白天以工作性質為主、晚上則可恢復成令人放鬆的家。

before

after

NG
1 ▶ 前陽台面向校園，視野佳，但經常活動的客廳卻享受不到。
2 ▶ 客廳太深卻太窄，形狀不好用。
3 ▶ 後陽台大而不當，需要適度規劃。

OK
1 ▶ 將視野最好的前陽台留給工作區，並以實木打造放鬆休閒的咖啡雅座。
2 ▶ 將客廳深度切割、新設內退陽台，將家事機能安排於此，並用落地簾性維持美觀。
3 ▶ 後陽台切成數段使用，分別為廚房陽台、主臥衛浴與閱讀區。

運用手法 1.2.3 ① ▶ 摺門活隔 ② ▶ 陽台移位 ③ ▶ 陽台浴室合一

1 活動摺門讓工作更專注

沿著樑線，將前半部區域化為工作室。前陽台改造後重新安裝了景觀窗，並以整塊實木打造窗邊平台，成為工作之餘放鬆喝杯咖啡的雅座。工作室與客廳以摺門靈活界定，當有客戶來訪或需要加班的夜晚，就可以拉上保持獨立，使工作情緒更為專注。

2 將陽台機能與客廳合併

客廳後方的開窗面對鄰居且棟距狹小，加上朝向多日照的南面，因此將陽台機能移到這裡，同時將客廳深度調整適中，而沙發擺放刻意留出單人通道，讓動線不必經過電視機前。新陽台集中洗衣機與空調主機，用來洗衣、曬衣，若有客人來訪則可拉上落地簾保持美觀。

3 陽台切數段，化身多功區塊

後陽台大而不當，將陽台拆解為數段，分別做為廚房陽台、主臥衛浴與閱讀區使用。衛浴與書房之間採用玻璃區隔，使光線可以互為穿透。浴室則利用凸窗平台安裝水槽，並藉 L 形轉折設計乾濕分離，陽台寬度恰好可以放下標準尺寸浴缸（長 160cm × 寬 70cm）。

memo 考量空間轉型的設計

這個空間的設計是以 10 年為思考，考慮將來兩夫妻有了寶寶後，房子可能轉型成純住家。因此，將客廁加大、增加乾濕分離淋浴功能，而工作室也預做了臥榻（下方可收納，現在當成工作之餘的小憩用），將來方便照料嬰兒，等孩子大一點則可當成遊戲區，最後則可固定折門，成為獨立的房間。

餐櫃隱藏摺疊桌，翻出男主人專屬製圖室

| 坪數 | ■ 60 坪 | 屋況 | ■ 新成屋 | 家庭成員 | ■ 夫妻 +2 子 | 建築形式 | ■ 單層 | 格局 | 兩房兩廳 + 三衛 + 開放廚房 + 傭人房→
三套房 + 兩廳 + 開放廚房 + 開放書房 |

「比上不足、比下有餘」的尷尬尺寸，空間難用又缺乏坪效！

這個空間有許多不合理的配置，仔細一看，原本建設公司預留屋主用不到的傭人房，若做為儲藏室，溝通動線亦佔用走道面積。此外，還有許多「比上不足、比下有餘」的尷尬尺度，例如電器櫃後方空間大於走道、小於書房，主臥與次臥的隔間不合理，做更衣室太淺，但只放一排衣櫃又太深，而結構上還有許多壁凹，整體感覺很畸零。打算搬進新房子的何先生一家，希望兩個年紀不小的孩子，房間都可有獨立衛浴。同時，鑽研手作家具多年的何先生，更期盼可以擁有一間專業製圖室，假日時可盡情沉浸在設計家具的樂趣裡。

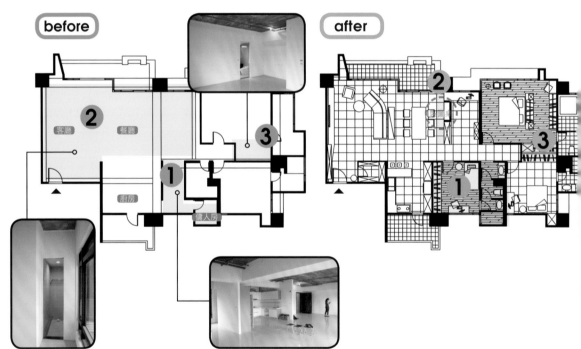

before

客廳　餐廳　廚房　傭人房　②③①

after

②③①

NG

① ▸ 為了用不到的傭人房，廚房刻意隔出雙動線，但走道的使用率低。傭人房的空間大小尷尬，不足當房間，當儲藏室又顯浪費。

② ▸ 為因應屋主手作家具的樂趣，需要一個專屬的製圖室。

③ ▸ 深度尷尬的隔間，壁凹放衣櫃太深，但也不足做更衣間。

OK

① ▸ 將廚房略縮小，讓出一個房間；傭人房取消，併入客廁淋浴間，並可做雙向使用。

② ▸ 餐櫃區隔餐廳與書房，櫃背結合摺疊桌，書房可變身製圖室。

③ ▸ 主次臥的牆面重做，均分牆凹深度，衣櫃放進剛好可以切齊。

1 廚房調整，增加第三間套房

原本廚房過大，重新調整隔間牆，將原浪費走廊變成了一個房間。由於屋主希望三間臥房需要三套衛浴，因此在長條狀的浴室配置裡，馬桶間設計內外兩個門，兩側各有洗手台，最裡面的備人房則變成淋浴間。平時鎖起外門，小孩房就有獨立浴室，若鎖起內門，就能釋出做為客用廁所。

2 櫃體結合摺疊製圖桌，打造興趣角落

通過房子中央的大樑，利用樑下空間設計了可雙面使用的餐櫃，定義出餐廳與書房，櫃體兼具修飾樑柱與雙面收納機能，並適切放入男主人設計的邊櫃，成為有意思的端景。櫃背還結合了可收摺的製圖桌，可隨時將此變身為男主人的興趣空間。

3 牆凹均分絲毫不浪費

將原本主、次臥的隔間牆打掉，利用原本深度設置了兩座相對的衣櫃，分別滿足主、次臥的收納需求，而主臥則將床背板結合衣櫃，打造出具雙動線的一字型更衣室。

■ 空間設計 & 圖片提供 / 非關設計 洪博東　TEL：02-2750-0025

case 6 木造書臥榻，打造天童木工 Style 茶屋

坪數 ■ 8坪	屋況 ■ 新成屋	家庭成員 ■ 夫妻	建築形式 ■ 單層	格局 ■ 一房一廳＋一廚＋衛→一房一廳＋一廚＋衛＋書房

廚衛保留不改變，但要讓 8 坪小套房跳脫制式感！

這個7～8坪的小房子只有單面採光，入口的左右兩邊分別是廚房與浴室，如同大部份小套房格局。但由於屋主希望這房子可以當成工作和回家中間的過渡空間，加上自身對日系家具與藝術都頗有涉獵，因此希望能營造既讓人感覺放鬆，又跳脫日常的和風空間。受到預算限制，屋主希望廚具和衛浴的位置不要變動，設計者僅將外凸空間的落地窗移除，利用架高地板重塑開放性的和室，並藉由牆面／櫃門材料更替，與電視牆比例分割拿捏，讓這個小空間跳脫制式，擁有獨特的個性。

before

after

NG
① ▶ 全屋採光最好的位置面積卻狹小，無法當做客廳使用。
② ▶ 客廳為生活的重心，希望能看起來大器些。
③ ▶ 衛浴為暗房，使用玻璃隔間，擔心出現隱私問題。

OK
① ▶ 拿掉落地窗，地板架高，打造閱讀茶屋，並延伸電視牆設計。
② ▶ 電視牆採用梧桐木和柚木面料，與和室產生一體感。
③ ▶ 浴室隔間結合衣櫃設計，增加隱私性。

① ▶ 高低差　② ▶ 家具延伸　③ ▶ 櫃體隔間

1 落地窗移除，增加可用空間

將落地窗移除，將空間架高成為開放書房／和室，整體概念來自屋主喜愛的天工木童家具，和室下方除可收納，局部並下凹可放腳。木地板混和了柚木、台灣檜木、梧桐木，台灣檜木乍看有榻榻米的感覺。

2 家具延伸，拓展空間感

將和室地板延伸與電視櫃結合，以柚木面加上梧桐木延伸而成的電視櫃，具有將家具融合於空間的作用，使和室不會令人感覺狹小。

3 浴室結合衣櫃，提升隱私

浴室的牆面用了強化玻璃隔間，加上一層噴砂的膜，並結合鐵件與梧桐打造的衣櫃，使衣櫃本身具有光線穿透效果，並使用布簾取代衣櫃的門片，平時維持開放採光，也可整片拉起遮住廚房。

memo 多重元素豐富空間感

一般認為小空間應該以鏡面或白色調來增加視覺放大效果，不過這個案子提出不同的想法；設計者認為，物件／人在全白空間內的感覺很鮮明，「人」被放大、「空間」反而縮小了。這個案子利用材料混用，為了空間增添許多可看的細節，使人在小空間中不無聊，感受豐富。

case 7

用家具營造角落，客廳混搭咖啡館更迷人

坪數 ■ 48坪	屋況 ■ 新成屋	家庭成員 ■ 單身	建築形式 ■ 單層	格局 ■ 三房兩廳＋兩衛→兩房兩廳＋兩衛＋書房＋更衣室＋咖啡吧＋音響室

超大空間一人住，缺乏理想的規劃，無法滿足嗜好！

這個大房子給一個人住相當寬敞，但原本的格局難以滿足屋主廣泛的興趣。屋主希望在家是一種享受，尤其浴室更是重要的放鬆空間；而原本的主臥浴室太小、缺乏更衣間；客廳空間雖大，卻缺乏完整的規劃；廚房也相當封閉，對於熱愛研究咖啡與音響的屋主而言，這樣的房子很難施展身手。針對興趣廣泛的屋主，設計師將全屋看成一個多功分區的大房間，兩個小房間分別做為客房與音響室；將客廁退縮，使主臥空間加大，擁有獨立更衣間與寬敞的浴室。公共區域則採用開放概念，利用矮櫃、吧台等取代隔間，以家具定義空間機能，保持調整彈性，以便一人生活轉換成兩人或家庭生活使用。

before

after

客廳
主臥
更衣室
餐廳
客浴
廚房

NG
❶ ▸ 廚房非常狹小而封閉，與公共空間難以互動。

❷ ▸ 主臥浴室太小，無泡澡空間；更衣室也太小，無法收納屋主大量的衣物。

❸ ▸ 客廳雖寬敞，仍要思量如何做出適當的區隔。

OK
❶ ▸ 在廚房和餐廳之間設置出餐檯取代實體隔牆，方便兩空間互動。

❷ ▸ 客廁退縮、主臥隔間外移，退出一個大型的ㄇ字型更衣室。

❸ ▸ 將寬敞的客廳運用矮櫃做適當的區隔，分出書房、咖啡吧和喝茶區。

運用手法 1.2.3　① ▸ 吧台界定　② ▸ 鋪面暗示

1 餐檯取代隔間，並保持空間互動

邀請朋友到家裡聚餐時，最怕忙著準備餐點，錯過了有趣的話題，如果將封閉的廚房打開，加一段地櫃與透空的鐵架餐櫃取代實體隔間，既能保持兩空間的互動，且多了餐檯，省下端菜上桌的距離。

2 客廁退縮讓出更衣室

原本主臥更衣間定位於主浴旁的內凹處，大小僅能設一個小 L 衣櫃，調整客廁、走道與主臥的關係，將客廁牆與視聽室拉齊、主臥更衣室凸出加大，打造超豪華的ㄇ字型更衣室。原本更衣間則納入主浴，使主浴可有乾濕分離的花灑區、馬桶間，還有寬敞的泡澡區。

memo 常見的更衣室形式

走道式更衣室是目前大為流行的設計方式，不僅收納量充足，而且透過有系統的安排，可以讓衣飾變成漂亮的陳列。更衣室設計可分一字型、L 型、雙一型、ㄇ型，所需要的基本空間大小依序是：一字型（0.7～0.9 坪）＜ L 型（0.9～1.1 坪）＜雙一型（0.9～1.1 坪）＜ㄇ型（1～2 坪）

3 利用矮櫃區隔不同使用機能

屋主希望客廳保持寬敞，但又能分區具備書房、咖啡吧、喝茶區等空間，為了保持空間彈性，書房與喝茶區利用家具定義機能，以矮櫃半擋的方式隔間。

■ 空間設計 & 圖片提供 / 直學設計 鄭家皓　TEL：02-2357-0298　110 / 111

05

通風採光

開口路徑，讓風和光自在流動。

　　採光與通風可以概略地當成同一件事情來思考，採光好的房子，通常通風也不會太差；如果房子採光不錯，通風卻很差，問題可能出在窗戶樣式錯誤（推射窗方向錯誤、不能開的落地窗）。格局規劃除了要保留風的對流路徑外，在密閉空間（儲藏室、鞋櫃、無外窗的浴廁）也要注意增加通風孔設計，避免悶不通風，造成發霉發臭。

　　解決房子採光問題，可分為從外引進與由內部改善兩種方式，前者是透過外牆結構變更，增加天井、開窗、或用陽台內退等手法，增加進光量。後者是當外牆不允許變更時，將臥房、客廳、廁所（用水區）列為一定要有窗的「必要空間」，而廚房、餐廳或書房則可歸類於勉強不需要有窗的「次要空間」，先將必要空間配置在有窗的位置，然後次要空間則可以利用開放手法，或使用透光性隔間材料來借光。

手法 1 天井置入 > 打開天井，從屋頂導光

改善透天屋採光條件，除了在立面上增加開窗之外，也可以藉用傳統建築「天井」手法，從屋頂上垂直導入陽光。打造天井要注意的地方有二，天井採光罩要注意洩水設計，以免大雨滲漏水；若沒有採光罩則天井投影的樓地板區域要設計排水。其次，天井四周的建築界面可依照房間需求設計窗戶，或使用玻璃界面替代實牆。
圖片提供＿尤噠唯建築師事務所

手法 2 透光之壁 > 用玻璃材質穿透引光

前後採光的狹長屋或單面採光的房子，可利用玻璃材質打造可以透光的牆壁，一來可滿足空間界定，二來讓光線盡可能深入空間內部。玻璃材質依照隱私性選擇，視覺可穿透的黑玻或茶玻適用於書房、廚房、餐廳，視覺不穿透的霧玻璃、白膜玻璃適用於臥房、浴室，使用清玻璃則可搭配拉簾，靈活調整能見度。此外，牆面局部貼鏡，也能利用反射效果幫空間打光。圖片提供＿奇逸空間設計

手法 3 孔隙呼吸 > 隔間不做滿，保留光和風的通道

餐廳、廚房、書房與客廳等公共空間的關係可以較為寬鬆，非必要將牆做到滿的時候，可以利用半島式的牆（櫃）隔間，讓隔間不到頂、隔間不緊貼外牆，保留自由呼吸的空隙。除此之外，也可使用格柵門（牆）、或者在門或壁面加入通風孔設計，讓兩空間的通風與採光可以互相流動。
圖片提供＿德力設計

本單元使用符號　👤 動線　👁 視線　☀ 採光　🌀 通風

邊間透天，一坪留白做出內天井

坪數 ■ **單層 28 坪** | 屋況 ■ **老屋** | 家庭成員 ■ **夫妻** | 建築形式 ■ **透天** | 格局 ■ **三房兩廳→兩房兩廳＋開放式書房**

> **內部切割太零碎，失去雙面採光優點，昏沉的家住得好難耐！**

這是一對藝術家夫妻的房子，三層樓邊間透天的單層面積有28坪，客廳、餐廳、廚房全集中在一樓，各自為政的空間，非但無法發揮雙面採光優勢，反造成中央的梯間一片漆黑。在二樓，靠庭院的空間雖然有許多窗戶，卻被長達11米的閒置空間所佔據，使得所有採光沒辦法深入室內。重新調整一樓內部隔間，減少阻擋採光的障礙，並將局部開窗擴大成為兩米寬的出入口，讓採光能深透到裸露的梯間。另外，二樓不當的閒置空間特別讓出一坪留白，將樓板打通，使採光上下連貫。

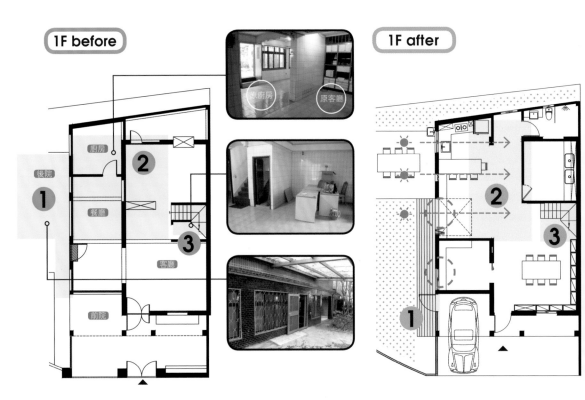

1F before

原廚房　原客廳

廚房

後院 ❶

餐廳 ❷

客廳 ❸

前院

1F after

❷

❸

❶

NG

❶ ▸ 大面積的遮雨棚讓多扇窗戶無法發揮採光作用。

❷ ▸ 隔間多，內部空間採光受阻。

❸ ▸ 梯間與廁所相鄰，又得不到前方採光，一片漆黑。

OK

❶ ▸ 縮減遮雨棚面積；改窗為門，增加受光面。

❷ ▸ 拆除隔間，減少光線的阻礙。

❸ ▸ 將陰暗的廁所移位，拆掉樓梯側牆，讓梯間光亮起來。

1　如移動牆的超大出口

將遮雨棚面積縮小，改用透光性較好的玻璃材質。並將側門門洞補起，沿著天花板樑位劃出儲藏室與餐廚空間，並將最大面窗的女兒牆直接下切，改成可進出大型創作的 2 米橫拉木門，晴朗時可全部開啟，引進採光，並且讓室內與室外保持密切關係。

2　拆除隔間，將空間機能重新設定

餐廳和廚房的隔間全拆除，並將一樓設定為藝友聚會的工作室與廚房，隔間採開放式手法，使側向採光能夠盡量深入空間內部。

3　梯間拆牆破除陰暗

由於透天一樓可下鑿地面重埋管線，得以將陰暗的廁所移位，使梯間獲得解放，扶手直接嵌在牆上，沒有了側向遮蔽，樓梯也不再閉鎖陰暗。

④ ▶ 閒置房間獨佔大部分的窗戶。
⑤ ▶ 陽台沒有發揮採光效益。

 ④ ▶ 打通二樓中央的樓地板，創造內天井。
⑤ ▶ 復原原本閒置的陽台空間，並改用落地玻璃門連結室內與戶外。

2F before

閒置空間　臥房

原樓地板　④　臥房　⑤

2F after

④　⑤

4 **一坪樓板上下打穿，創造內天井**

原本二樓過大不當的閒置空間，於中央處打通樓地板，使一樓、二樓空間連貫，製造出一坪大小的內天井，讓上下採光連貫，加乘放大。這個垂直留白的空間，可裝滿側向天光，對內做為三向採光的導體，用來調節主臥、書房、衛浴的明暗，讓獨戶有院的房子發揮應有的優點。

5 還原陽台增加三米採光

基於隱私與防盜考量，一樓開窗往往不大，與其把生活空間放在這裡，不如用來做工作室，把家人經常聚集的起居間移到二樓，並將二樓陽台出入動線轉向，敲除外牆，並加上落地玻璃門，製造出 3 米以上的採光面，照亮空間之餘，也引進了大自然。

> memo 一個光盒照亮三個房間

多了內天井，等於多了總長 6 米的三向壁面，各自依照房間屬性設計不同開窗，書房的窗戶高度適中，讓人可觀察下層活動狀況，浴室則在澡缸旁開了較低的橫長窗，泡澡時能看見院子裡的樹；主臥室考量隱私性，則使用高窗採光。

know how

採光效果取決於窗戶的高度與形狀

窗戶的高低與形狀也會影響採光效果，通常窗戶距離天花板越近，採光效果就越好，而窗戶寬扁長短則會影響視線範圍、入射角度、進光量，可以依照每個空間屬性來設定窗戶形式。

1. 橫長窗
可使房間採光較平均，適用範圍廣。

2. 縱長窗
涵蓋日射角度廣，採光時間較橫長窗多，且能使光線射入房間深處，適合梯間、玄關。

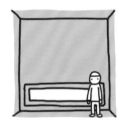

3. 地窗
靠近地面，會有隱私考量時使用，適合玄關、和室、廁所。

4. 高窗
靠近天花板，效果類似地窗，但觀景性與採光效果較好。

5. 落地窗
進光面積最大，觀景效果強，可加強室內與戶外連結，但也有隔熱、隱私或防盜等缺點。

6. 天窗
採光量是一般窗戶的 3 倍，適合用在挑高或樓梯間，但設計時要注意洩水，避免雨天漏水。

室內天井中庭，讓長型街屋重見天日

坪數 ■ 45 坪	屋況 ■ 老屋	家庭成員 ■ 夫妻 +2 子	建築形式 ■ 街屋	格局 ■ 一大房 + 一廁→兩房兩廳 +2.5 衛 + 開放廚房 + 辦公室

長型街屋縱深如隧道般深又長，空間中段不見天日！

位於市中心鬧區的巷弄街屋一樓，房子擁有前後兩個出入口，採光也僅來自前後。房子的縱深長逾10米，幾乎是兩個籃球場合起來的深度，房子的中段幾乎是一片漆黑。房子的前身是做為辦公室用途，室內中心以3根大柱子將房子切成左右兩大段。室內不但做了平釘天花，將屋高壓得很低，還將天井封起，空間看起來更灰暗。設計師利用房子前後兩個開口，將商辦、私宅的出入口分開。拆除原平釘的老舊天花，以天井為中心規劃室內中庭，為房子中段注入自然採光。中庭同時將長街屋一分為二，成為商辦、私宅空間的過道，中庭的三面都採玻璃介面，讓街屋中段的主臥房脫離暗房困境。

NG

❶ ▸ 平釘的天花不但壓低屋高，封閉的天井也讓讓空間更壓迫。

❷ ▸ 長型屋縱深長，採光僅來自前後兩個出入口。

OK

❶ ▸ 還原被封閉的天井，搭配中庭花園和玻璃摺門，加強室內中段的採光。

❷ ▸ 入口退縮，帶出大片落地玻璃立面，從側向增加採光面。

❸ ▸ 退縮並抬高建築基地設計斜坡，沿坡而上設計一櫥櫃式前景，發揮穿透引光的效果。

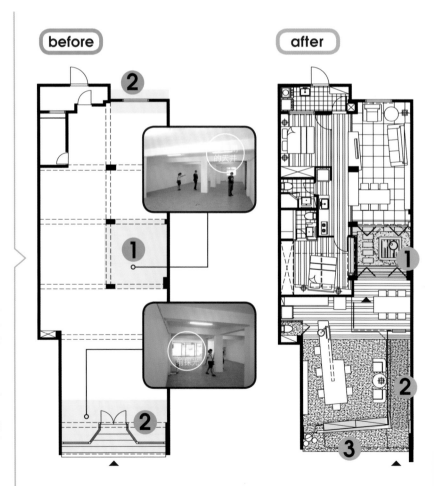

before

after

運用手法 1.2.3 ① ▸ 復原天井，打造花園中庭 ② ▸ 退縮入口 ③ ▸ 設計櫥櫃前景

1 天井中庭，三區共享

還原室內中段的原天井設計，搭配中庭花園、玻璃摺門，提高室內中段的明亮度，導引室內外的對流循環。天井中庭作為公、私區的過道，同時為屋後的客廳、中庭旁的主臥室，以及屋前的架高會議區等注入陽光及自然景觀。

memo

選用膠合噴砂強化玻璃做為天井材質

為了安全起見，在選擇天井材質時，建議使用膠合強化玻璃。膠合玻璃是由兩片玻璃膠合而成，可以一片普通玻璃和一片強化玻璃。強化玻璃的強度較高，在破碎時會呈小碎粒，不致於整片破碎。而噴砂處理，則是為了製造半透光的效果，讓中庭花園有美麗的光影可賞。

2 入口退縮，帶出採光面

將房子前段的採光面和入口全拆除，在房子最右側退縮出廊道，帶出大片立面，並設置拉門作為入口。立面則以落地玻璃為材質，從側面增加採光面，營造有如光盒子的視覺效果。廊道上方的軌道燈也能增加廊道的光亮。

3 櫥櫃前景增加採光兼具展示功能

房子的前段做為商辦空間，利用退縮、建築基地的抬高來設計斜坡，做出與城市街道的友善回應，斜坡連結玄關過道，行進的動線同時也是一座小展館，展示公司的設計作品，櫥櫃式前景發揮穿透、引光效果，半遮掩室內景致。

■ 空間設計 & 圖片提供 / 尤噠唯建築師事務所 尤噠唯　TEL：02-2762-0125　118 / 119

case 3

退出 3 條風道，導入氣流驅走山宅濕氣

坪數 ■ 27 坪	屋況 ■ 中古屋	家庭成員 ■ 夫妻	建築形式 ■ 兩層透天	格局 ■ 四房兩廳＋三衛＋和室→兩房兩廳＋兩衛＋開放廚房＋開放琴房

屋外緊貼山壁，屋內有層層隔間阻擋，通風不良濕氣重！

一對夫婦購入這幢山中小屋想當成退休後的住宅，因房子已閒置許久，原始屋況相當糟。這房子看似有三面採光，其實屋後緊貼山壁，窄小的後巷又做了加蓋，加上側面開窗不多，使實際上通風與採光有限。隔間與內梯所造成的大量暗房，也惡化了潮濕問題。於是，將玄關入口位置調整至練琴區角落，使空間不受動線切割，得以敲除所有隔間、以玻璃摺門做靈活界定，將一樓開放為完整的大區域。並讓光線可以從庭院落地窗、側面開窗，與新增的後巷天窗進來，照亮後半部空間。二樓將房間數量減至兩房，主臥、廁所、客臥都有良好採光，若將房門打開，也能為較暗的梯間帶來些許光亮。

1F before

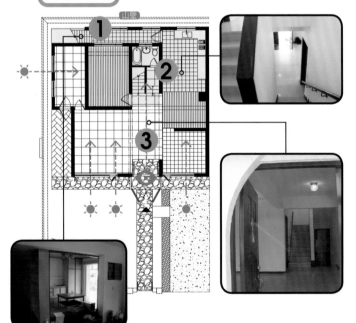

1F after

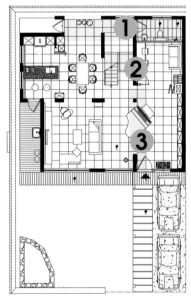

NG
① ▶ 房子緊臨山壁，加上後巷加蓋，失去採光。
② ▶ 隔間與樓梯造成大量暗房。
③ ▶ 入見即見梯，迎賓景觀不佳。

OK
① ▶ 拆除後巷的雨遮，改為採光罩，成為帶狀天窗。
② ▶ 拆除所有隔間；梯間改成強化玻璃和鐵件扶手，降低遮光。
③ ▶ 摺門活隔，加強除溼。

1 陰暗後巷變採光天窗

拆除後巷不透光的雨遮，改使用採光罩，形成一個帶狀的天窗；並且大幅度拆除外牆，使上方引入的光源可盡可能地為後半段空間補光。

memo

玻璃鑲嵌引光滲透

客廁位移至有採光的後巷區，可藉陽光達到自然乾燥效果。牆面設計鑲嵌霧玻璃的高窗，讓自然光可滲透到練琴區。

2 拆除隔間不擋光與風

保留梯間承重牆與柱體，將一樓所有隔間拆除與樓梯下方客廁進行拆除，使達到最大開闊度，也讓兩側窗戶引進的氣流可以不受阻礙地對流。梯間以強化玻璃、鐵件扶手取代實牆，並將高低落差區域化為室內造景，降低樓梯的遮光程度，同時賦予戶外情境。

3 靈活隔間便利除濕

考量女主人珍愛的名琴除濕維護，除了全室安裝吊隱式除濕機外，練琴區還得定期輔以落地式除濕機除濕。考量空間可靈活開放／獨立，設計者將原本大門改由鋼琴區出入，在客廳與鋼琴區加設滑門做活動屏隔，可成密閉空間加強除濕，而鋼琴則成為迎賓意象。

NG ④ ▸ 廁所無對外窗，溼氣淤積；三房隔間阻擋，有礙通風。

 OK ④ ▸ 調整浴室位置、新增陽台出入口、書房以摺門活隔，讓空氣可以前後對留。

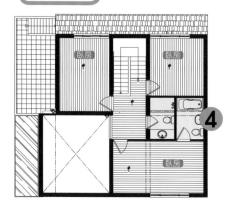

2F before

2F after

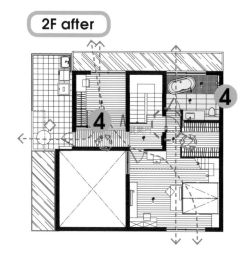

4 打造風的通道

將廁所移位並加大，使擁有對外窗，可保持通風，避免濕氣淤積。拆除兒女來訪借住的客房實體牆面，採用折門加推門做靈活隔間，維持開放時可與露臺新增出入口、主臥形成風道，幫助空氣流動。

(memo) **雙開門讓衛浴可靈活共用**

屋主夫婦兩人居住不需要太多房間，只需要預留一間客房給來訪的子女住，但二樓若要特地為客房預留一間廁所，平日使用頻率則非常低。設計師在更衣室走道上加開一道門，門片可做雙向使用，平時固定於梯間開口，維持主臥套房機能；當有親友入住客房，可調整門片擋住更衣室走道、隔開主臥，將浴室開放共用。

■ 空間設計 & 圖片提供 / 六相設計研究室 劉建翎　TEL：02-2796-3201

05 通風採光 ▶ 透光之壁

case **4**

棄無效採光，打開L轉角，深引有效採光

TIPS
運用手法 1.2.3

① ▶ 虛化隔間 　 ② ▶ 門片透光

| 坪數 ■ 25坪 | 屋況 ■ 中古屋 | 家庭成員 ■ 夫妻＋一子 | 建築形式 ■ 單層 | 格局 ■ 兩房兩廳＋兩衛＋書房 |

房間雖有採光窗，但緊臨暗房，光線來源足足少掉一半！

25坪房子的採光來自前後，在空間中央的書房雖有採光窗，但緊臨的工作陽台為暗房，等於少掉一側的光線來源，也有運轉噪音問題。於是，在所有房間配置不動的情況下，透過小規模的拆除，將書房變成半開放空間，增加右側採光量，並且將廚房、浴室拉門改為可透光的玻璃材質，使左側採光也能進來。

before

after

NG ❶ ▶ 書房少掉左側的光線來源，採光並不好。

OK 1 打開牆角，虛化隔間

書房一部分牆面切除，對向客廳的牆角不見了，以架高8公分的木地板做虛化的隔間，並將地板轉折成為40公分高的板凳，坐在這裡可以和客廳與書房的人交談，下方還可收納雜誌書籍。

OK 2 以玻璃門替代窗戶採光

捨棄書房採光窗，換取大型儲物空間，以便擴充收納，另一方面則將廚房拉門改為玻璃材質，替代書房窗戶採光。書房保留部分實牆，將書桌以軌道結合書櫃，必要時可挪出空間當成客房。

case 5 轉角玻璃盒化解沉悶陰暗的長廊

坪數 ■ **36坪**(不含複層)	屋況 ■ **新成屋**	家庭成員 ■ **夫妻+2女**	建築形式 ■ **單層**	格局 ■ **四房兩廳+兩衛→三房兩廳+兩衛+多功能房+三夾層臥榻**

> **房間數量多，走廊深又長，感覺擁擠又壓迫！**

考量青春期孩子需要獨立的個人空間，加上長輩來訪時需要獨立的客房，屋主所需要的房間數量不少。房間數多又集中，為了溝通這些空間，不可避免會形成較長的走廊，然而走廊位在房子中間，因為採光不足的關係，更顯得陰暗與壓迫。觀察房子的採光狀況，可發現主要開窗都設在前後兩面，後面因為臨戶關係，開窗較小，而正面因為有個不小的院子，開窗較大，成為內部空間重要的採光來源。因此，將廚房開放，讓光線盡量深入；走廊部分則在牆面局部加入透光材料，並使用格柵門來援引光線，使採光可以滲透到中央的走廊來。

before

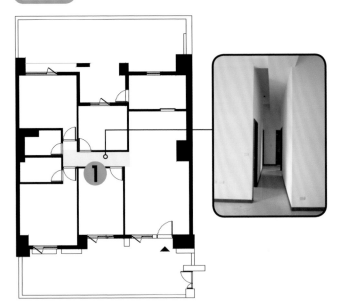

after

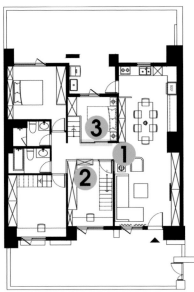

NG ❶ ▶ 房間過於集中，產生無可避免的陰暗長廊。

OK ❶ ▶ 在房間與客廳之間的轉角以白膜玻璃取代，成為輕透的光盒。

❷ ▶ 在走廊的中段，利用衣櫃的深度設計內凹的展示平台與間接照明。

❸ ▶ 以木製格柵門取代實牆，透光又具光影變化的趣味。

TIPS
運用手法 1.2.3

① ▶ 轉角局部光盒　　② ▶ 低度照明　　③ ▶ 透光格柵

1 轉角成為成為輕透的光盒

在房間與客廳之間的轉角處，局部牆面以強化白膜玻璃替代，加上同樣材質的玻璃門，使轉角成為一個輕透的光盒，讓客廳與房間的光線可以照進走廊的前半段。

2 走廊內凹平台安排間接照明

走廊最為陰暗的中間段，小孩房改為衣櫃隔間，利用衣櫃深度在走廊上設計內凹的展示平台，並結合間接照明，藉此內退舒緩長廊的壓迫感，使得在視覺上有放大效果，夜間則形成很有氣氛的照明設計。

3 格柵門化解長廊的沉悶感

和室／多功能室以兩片格柵滑門取代牆壁，格柵具有透光效果，可略將房間採光援引至走道，另一用意是藉由界面改變使行進產生趣味，化解長廊的沉悶。

memo 房間退縮讓迴身空間更舒服

三個房間的出入動線都集中在走廊最末端，主客浴廁也都集中在此，因此將兒童房房門退縮，不僅將套房衛浴開放為公共使用，滿足彈性運用，而走廊盡頭也可以有舒服迴旋轉身的空間。

■ 空間設計 & 圖片提供／德力設計 許宏彰　TEL：02-2362-6200　124／125

巧妙配房，高效運用有限採光面積

坪數 ■ 30坪	屋況 ■ 老屋	家庭成員 ■ 夫妻+2子	建築形式 ■ 單層	格局 ■	四房兩廳+兩衛→三房兩廳+開放廚房

> **採光面積不足，**
> **房間切割破碎，**
> **衍生大量暗房！**

除了前後陽台之外，這個房子只有三面小窗，採光面積嚴重不足。再加上，房子本身的形狀不規則，以及內部隔間切割，更造成公共區域破碎、中間區塊狹窄，隨之而生的陰暗區域也增加了。因此，將房子僅有的三面小窗分配給三個房間，使每個房間都有自然通風與採光。另外，玄關端景處利用霧面玻璃屏風櫃區隔餐廳空間，藉由玻璃透光的特性，讓櫃體燈光得以提供餐廳更多光亮；整體公共區域採零隔間，廚房可以直接連至客廳，讓前後採光可以發揮最高效應，照亮暗部區域。

before / **after**

NG
① ▶ 空間不當切割，造成公共區域狹窄，陰暗區域也增加了。

② ▶ 除了前後陽台之外，全屋只有三扇小窗，採光面積嚴重不足。

OK
① ▶ 將三面小窗分給三個房間，讓房間擁有良好的採光和通風。

② ▶ 利用吧台界定廚房與餐廳之間，使得後陽台的光線得以進入。

③ ▶ 以玄關玻璃屏風櫃作為端景與界定空間的素材，且櫃體燈光也能提供餐廳光源。

▶ 小窗留給房間　　 ▶ 吧檯隔間　　 ▶ 櫃體燈光

1 依照開窗配置房間

主臥位置不變，將兩間浴室空間加大，並與主臥形成完整區塊，減少轉角。依照窗戶位置，將平面左上部空間剖半，改變兩間小孩房配置方式為兩個並列的長方形，使每一個房間都有自然採光與通風，讓公共區域較為完整。

2 木吧檯界定空間，又不擋光

餐廳結合書房機能，以屋主親自挑選的老柚木家具做為吧台，將前後空間結合、形成一個完整的開放場域，讓後陽台的光線可以深入，加以來自客廳的採光，讓原本中間區塊的暗房變成明亮的閱讀區。

3 玻璃屏風櫃滲透光源

玄關和餐廳之間運用玻璃屏風櫃加以區隔，櫃體燈光也能間接提供餐廳光源，讓空間更明亮。公共區域採零隔間設計，把公共空間全面打開，廚房可以直接連至客廳，讓前後採光可以發揮效應，化解空間陰暗無光的窘境。

■ 空間設計 & 圖片提供 / 馥閣設計 黃鈴芳　TEL：02-2325-5019

| 坪數 ■ 26 坪 | 屋況 ■ 老屋 | 家庭成員 ■ 夫妻 +2 子 | 建築形式 ■ 單層 | 格局 ■ 四房兩廳→兩房兩廳 + 客房 + 書房 |

整個房子只有房間最明亮；暗房只能從小窗看見微薄光亮！

原始四房兩廳的格局，陽光最豐沛的屋子前區，分給兩間臥房後，往後走，每越過一牆就一層層薄弱，到了夾在兩房之間的小房，靠著用開窗取代隔間牆，免除了伸手不見五指的暗房局面。幾近單面採光的老公寓，可用的光源大受制約，但原有的4房格局卻一房也不能少，為的就是考量到在家工作、一家四口生活的使用需求。設計時，試著利用可移動的隔間、玻璃、簾子，甚至於活動式浴鏡的採用，取代原先的隔間牆，創造一個引光穿越的空間。室內的夾心暗房規劃為客房，選擇與公共區可聯結的機能使用，搭配活動式門屏，客房可彈性併入書房，採光、通風、空間感一次升級。

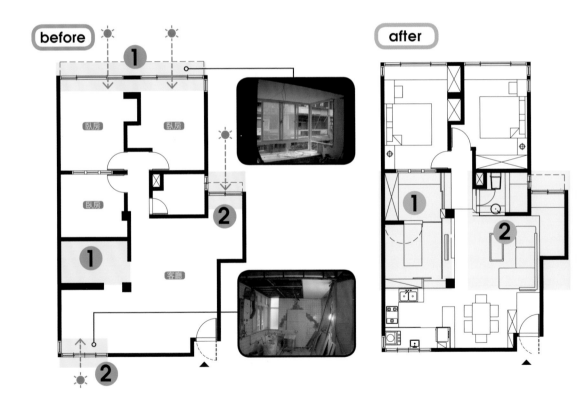

NG
① ▸ 全屋採光最好的位置在最前區的兩間臥房，往後的小房成為夾心暗房。

② ▸ 後區的半面採光，無法充分支援公共空間的採光需求。

OK
① ▸ 將暗房改成客房，與一旁的書房以活動隔屏相隔；利用玻璃隔間與公共空間取得光源共享。

② ▸ 為了不浪費側陽台的微光，特別隔出一小塊閱讀角落；浴室採玻璃隔間，支援一些客廳光源。

1 1房變2房，光源共享的玻璃隔間

暗房兼客房機能，與一旁的書房以一個完整體來思考，利用清透的玻璃隔間，與公共區域取得互動、光源互享，至於2房之間則採用活動隔屏，1房就能拆成2房。在非工作的時段，打開書房與客房的隔屏，就是一個小朋友玩耍的遊樂區塊。另外，在書房與廚房間開一面玻璃窗、開一扇小門，並將廚房的水槽櫃面向書房擺，大人小孩隔著玻璃互動就心安。

2 房子的側邊弱光不浪費

來自房子側陽台架高地板，隔出一小塊工作平台，支援沙發區使用，這裡同時也是一處偏靜的閱讀休閒角落。浴室開窗小，搭配玻璃隔間的安排，浴室的光亮就能對客廳做出貢獻。基於都是一家人使用的思考，浴室可透明化，浴室裡的主牆變成客廳的端景，搭配簾子等，兼顧浴室的隱私度。

memo

活動式浴鏡也成為隔間素材

當客廳旁的客浴也是室內的光源之一，不妨將浴室釋放出來。浴室內部的組合，特別將浴櫃、面盆安排在玻璃隔間面，加入活動式浴鏡。當鏡片滑開，整個浴室與客廳一片清透，浴室裡的主牆成為客廳空間的延伸，人在客廳活動時看得到的一道牆視覺。

06

收納計劃

「分散空間，集中收納」為最高原則。

　　裝修新手最易忽略的成敗關鍵，首推收納。若沒有確實統計物品、擬定收納計劃，隨時間日益倍增的物品，櫃子東添西擺，不知不覺雜物就佔領了房子。收納計劃的重點在於計算收納量，以及決定收納的類型，諸如哪一些是可以收起來看不見的，而哪一些又是希望展示擺放的，過程中應逐一回想習慣使用的地點，將東西放在「對」的地方，才能避免日後隨手亂擺。

　　收納既「分散」在每個空間，但同時又能利用櫃體雙向或多面向運用，使收納空間有效「集中化」。同一座櫃體可以利用吊櫃、地櫃、開放櫃等組合形式，使櫃體有多於一種以上的機能性，例如將玄關櫃整合置鞋、置物、旅行紀念品展示、隨手放鑰匙、書櫃等功能。若缺乏大型儲物空間，地板下或天花板上也可多加運用，抑或將複層空間下方樓梯間或梯階等畸零空間，轉化成隱藏收納櫃。

手法 1 超複合牆 ≫ 同一櫃體雙面或多功使用

深度決定櫃子的收納屬性，以櫃體替代牆的隔間手法中，可先想清楚櫃子四個面所對的空間需要收納什麼物件，才來拿捏應該要設定的高度、深度、分割形式，以及是否需要門片等。臥房如果利用櫃子隔間，通常會使用衣櫃，因為收納衣物具有吸音效果，可加強隔音。如果是以書架取代牆面，通常還是建議中間加上隔音棉，加強隔音效果。

圖片提供＿德力設計（上）＋馥閣設計（下）

深度	物品	收納空間
15cm	CD、DVD、沐浴瓶罐、調味料、文庫本、字典	浴室鏡櫃、書櫃
30cm	書籍、鞋子	書櫃、鞋櫃
35～40cm	鞋盒、DVD 撥放器、WII	電視櫃、鞋櫃
45cm	音響擴大機（留線材空間）、餐具、鍋子、烹飪用具	電視櫃、餐櫃
55～60cm	流理臺、嵌入型電器、衣櫃	廚櫃、衣櫃、電器櫃
88～90cm	棉被類	棉被櫃

手法 2 畸靈活用 ≫ 地板上或天花上收納，取代儲藏室

缺乏儲藏室時，可運用地板下或天花板上規劃收納，若想扣除上下厚度後，還能在空間內站得舒服，建議天花板到地板的高度距離最好不要小於200 公分（起碼不能低於建築法規定的 180 公分最小值），單就只做板下收納所需空間條件，至少樓高要有 240 公分才行。

最常使用的板下收納至少需要架高 30～40 公分，因為還得扣除板材厚度，就算架高 30 公分也只剩下 23 公分可運用了。板下收納可分為上掀與拉抽兩種，以便利性而論，拉抽較上掀式來得好，原因是地板上通常擺放家具，上掀式收納使用前還得挪動家具，感覺較麻煩。圖片提供＿馥閣設計

手法 3 板下擴充 ≫ 善用樓梯、樑柱下方或畸零地做收納

因樑柱或屋型產生的畸零地，深則可以設計為儲藏間（櫃），淺則可以加上層板做展示用途。複層或透天屋的樓梯間深度相當深，通常適合用來設計較大的儲藏間，不過也可以依照需求分割成數個櫃體，做為衣櫃使用，如果樓梯使用木作，在梯階部分甚至可以做成拉抽，將整座梯體都化為收納使用。 圖片提供＿馥閣設計

分散預留大型收納，電器不再無家可歸

坪數 ■ **45坪**（含陽台）	屋況 ■ **中古屋**	家庭成員 ■ **夫妻+2子**	建築形式 ■ **單層**	格局 ■ **五房一廚一廳→三房兩廳+開放餐廚+客房**

收納空間不足，大型物件隨處放，小孩房變成大倉庫！

原格局未考慮到大型物件的收納，不僅主臥更衣室、玄關與餐廳收納都稍嫌不足，廚房也缺乏大型收納空間；此外，半開放的書房規劃成兼具起居間功能，有不少的藏書空間，卻放不下事務機，只好將所有放不下的雜物，都堆放在預留的小孩房，讓小孩房變成了大倉庫。本案變身最關鍵之處在於對兩間臥房進行了很大的動線改變；將用不到的書房起居間打開，部分規劃為主臥起居間，縮短長廊空間的浪費，讓主臥與小孩房的收納得以擴充。同時也藉由兩座大型雙面櫃滿足客廳、書房、主臥的收納需求；廚房利用餐具櫃外加拉門設計，塑造一個收納雜物的空間，同時也是用餐的情境空間。

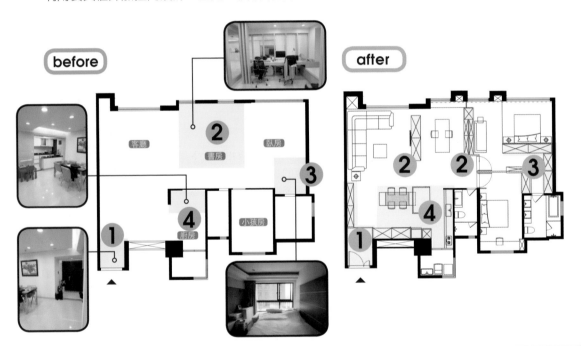

before　after

客廳　**2** 書房　臥房　**3**

4 廚房　小孩房　**1**

1 **2** **3**

4

1

NG

❶ ▶ 玄關空間無法收納單車，小孩房淪為雜物間。

❷ ▶ 半開放式的書房，容不下事務設備，工作不方便。

❸ ▶ 主臥被床整個佔滿，大型衣櫃進不了，衣物收納不足。

❹ ▶ 廚房空間有限，電器收納櫃體有限。

OK

❶ ▶ 玄關以整面壁櫃處理，並加掛單車掛桿，讓單車不必進到室內。

❷ ▶ 用兩座大型隔間櫃，滿足客廳、書房和主臥的收納需求。

❸ ▶ 主臥床舖轉向，變出L型更衣室，增加衣物收納量。

❹ ▶ 廚房改以開放式設計，工作區向外延伸，得以增加廚房設備。

① ▶ 向內爭取空間　② ▶ 雙面櫃隔間　③ ▶ 物件轉向　④ ▶ 廚房工作區向外延伸

1　玄關以整面壁櫃處理，解決鞋櫃收納不足

原本的鞋櫃設計深度稍嫌不足，可容納的鞋量也不足，在原址重新設計後，改以

整面壁櫃的方式處理。大門進來右側的牆面則加上單車掛桿，讓單車停在落塵區，再也不需要通過空間、牽進倉庫裡放了。

2　大型雙面櫃隔間，滿足三空間收納

過去使用率低的書房起居間，一部分空間讓給了主臥，藉由與大型雙面櫃隔間，書房不僅能收容一家三口擁有的大量書籍，主臥也多了多功能收納櫃。空間中央一座二合一的電視櫃，背面規劃了小型工作站，所有視聽設備、事務機全數收納於此，可以集中管理。

3　床舖轉向變出 L 型更衣室

原本主臥床的擺放位置朝向書房，為了預留走道，更衣室只能設計成雙一字型，設計者將床位改為朝向窗戶，使更衣室變成 L 型，增加了收納容量，且部份規劃為主臥起居室。

4　廚房工作區往外開放延伸，多出收納空間

過去電器櫃空間有限，不少電器設備都放不下。將廚房改為開放式後，流理檯拉長，備餐工作區變得更寬敞，也增加上下櫃收納空間；且沿著玄關旁的牆面利用餐具櫃與雙面滑門設計，達到快速整理的效果。當使用餐廳空間時，滑門可遮住玄關，塑造完整的用餐氛圍。

活用雙面櫃，衣物收納一次到位

坪數 ■30坪	屋況 ■ 新成屋	家庭成員 ■ 夫妻+2子	建築形式 ■ 單層	格局	三房兩廳 + 一廚 + 兩衛→兩房兩廳 + 一廚 + 兩衛 + 共讀書房

更衣室超卡位，兩間小孩房，只能硬塞床和衣櫃！

習慣國外生活的夫妻，希望房子可以擁有獨立的伴讀空間，類似全家人共處的起居間。原始格局設定為一大房兩小房，若要多出書房（起居間）就會擠壓到公共空間；而受限於主臥更衣間，兩間小孩房都不大，若要硬把一個房間讓出來當書房（起居間），則會造成兩個孩子共用一間小孩房，空間利用便顯得狹促無比。整體變動最大的區域是在主臥更衣間，這對夫妻寧可放棄獨立的更衣間，為兩個孩子換來可一起共用的大房間。設計師將餐廳、主臥、小孩房三個空間的實牆都敲除，以櫃體重新界定，運用雙向使用手法，滿足各空間需要的收納機能。

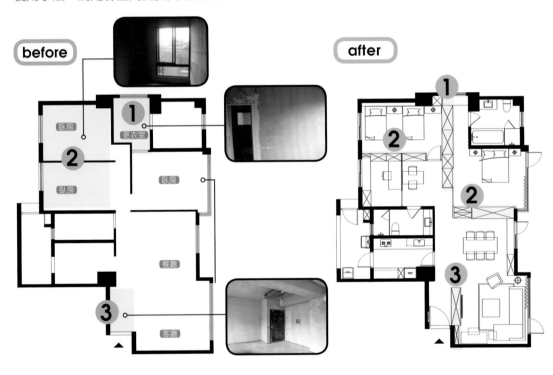

before

after

NG

① ▶ 更衣室卡在與主臥與小孩房之間，壓縮主臥與小孩房的收納空間。

② ▶ 小孩房挪為共讀空間，另一間小孩房則無法同時擺放雙人衣櫃和床鋪。

③ ▶ 玄關短又窄，難以發揮收納功能。

OK

① ▶ 將更衣室的牆面拆除，改以利用雙面衣櫃隔間，加大小孩房面積。

② ▶ 敲除小孩房之間、主臥與餐廳之間的牆面，藉由雙面櫃充份發揮收納機能。

③ ▶ 為了不讓沙發或電視牆阻礙與餐廳的開放性，因此將電視牆與鞋櫃合而為一。

運用手法 1.2.3　①▸ 雙向櫃　②▸ 樑下櫃　③▸ 櫃背變身

1　連續衣櫃雙向使用

主臥不需要更衣間，畸零牆面敲除後，將界線往主臥內退，利用衣櫃隔間，使小孩房空間加大，可容兩個孩子共同使用，而突出小孩間外的衣櫃則分給主臥使用。主臥使用橫拉門，平時維持開放，門片也可兼做衣櫃的櫃門。

2　以櫃為牆，樑下櫃隔間活用

主臥與餐廳的牆面敲除，順著主臥與餐廳中間的大樑，在樑下設計衣櫃修飾兼做隔間。因為希望餐廳能有個邊櫃，考量展示櫃不需太深，所以保留一小段立面，設計成可雙向使用的展示櫃。小孩房與書房同樣敲除實牆，利用雙面櫃隔間，牆面依照書房需要的機能配置書架，並預埋網路孔與插座。因為書桌而不好拿取的位置，就設計成小孩房的玩具展示櫃。

3　鞋櫃背面變身與電視牆共用

電視牆的配置決定沙發區與餐廳的關係性，為了不讓電視牆阻隔餐廳，或讓沙發背對餐廳，將鞋櫃背面結合翼牆形塑出電視牆，並運用雙向手法，將不好拿取鞋子的低矮位置，設計為客廳使用的視聽設備櫃。

滑櫃雙倍擴充，內藏書、外陳列

坪數 ■ 30 坪	屋況 ■ 新成屋	家庭成員 ■ 一人	建築形式 ■ 單層	格局 ■ 兩房兩廳＋和室＋廚房＋兩衛→一房兩廳＋和室＋書房＋廚房＋兩衛

主牆過短、和室狹小，客、餐、玄關皆缺乏收納規劃！

原空間玄關缺乏鞋櫃、更衣室不好使用，廚房空間也相當有限，必須在餐廳增加餐櫃等，收納機能必須重新規劃。此外，還有和室狹小、採光不足的缺點，而客廳因為兩側房間門的關係，左右兩面牆完整性不足，電視牆沒有恰當的位置可放。

在預算考量下，屋主希望不要動格局，尤其廚房與廁所。在這個以三等份式的格局裡，玄關、餐廳、客廳注定會排列在一條線上，考量到採光效益，設計師將收納往牆靠，沿著動線設計多樣化收納櫃，加上雙重拉櫃、牆櫃合一做法，讓小空間也可以收得整齊又漂亮。

before ... after

NG
❶ ▸ 和室採光較陰暗，平實少用，但因坪數不上不下，也無法改做餐廳。

❷ ▸ 客廳有畸零壁凹，且因房間門關係，兩側牆寬都不足以當主牆。

❸ ▸ 玄關區域廣，且玄關缺乏鞋櫃收納。

OK
❶ ▸ 將隔間牆移位，使和室與書房互為延伸。

❷ ▸ 利用暗門、CD 牆手法，打造完整的電視主牆。

❸ ▸ 玄關鞋櫃與餐櫃沿牆設計並結合，滿足機能又不妨礙空間感。

① ▶ 牆櫃鑲嵌牆　② ▶ 走道活用　③ ▶ 雙層滑櫃

1 動線轉向將空間合併

重新定義和室隔間，出入動線轉向後，將和室視為書房的延伸。除了藉由架高地板下方增加儲物空間外，因樑下畸零空間的深度足夠，因此將書櫃設計為雙層式，使用滑軌左右移動達到靈活取物的效果。此外，前後空間利用衣櫃與霧玻璃滑門隔間，書讀累了可小歇，長輩來訪也可做為客房。

2 暗門與 CD 架打造趣味主牆

因為外牆凸出畸零一角，客廳的沙發在Ⓐ處比在Ⓑ處的視野好，但為了解決房間門打斷立面，造成電視牆長度不足的問題。設計師將書房門設計成暗門，延伸成為主牆的一部分，加上和室牆局部跳脫設計為 CD 架，形成不對稱的趣味主牆，收納之餘還具有採光效果。

3 轉個彎，玄關櫃連結餐櫃

玄關如果用「隔」的方式去思考，容易使空間變得更加瑣碎。因此，設計師將玄關收納沿著牆面／動線配置，鞋櫃設計為上下櫃，轉折到餐廳則變成餐櫃功能，中間平台兼具玄關櫃、餐台等功能，如此一來，也能將玄關空間成為餐廳的延伸。

memo 鞋櫃位置錯誤，所造成的空間浪費！

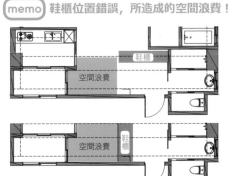

■ 空間設計 & 圖片提供／匡澤空間設計 黃睦傑　TEL：02-2751-8477　136／137

坪數 ■ 23 坪	屋況 ■ 中古屋	家庭成員 ■ 夫妻 +1 子 1 女	建築形式 ■ 單層	格局 ■ 兩囊兩廳 + 兩衛→ 三房兩廳 + 兩衛 + 儲藏間

玄關無法收鞋，收藏品沒處擺，重點是……還缺一個房間！

原始格局面臨最迫切的問題是，原本共用一個房間的男、女生都已就讀大學、高中，卻仍然睡上下鋪，沒有隱私空間。此外，屋主一家在這裡生活了一段很長的時間，女主人的鞋子散落在玄關，男主人收藏的茶壺只能一箱箱堆在陽台，壅塞的情況讓屋主陷於換屋或裝修的兩難。由於屋形關係，原本公共空間（客廳、餐廳）感覺像被切一半。於是，將公共區域與房間更動為左右配置，將三個房間放在較長的採光面上。並大量運用雙（多）面櫃手法，滿足不同空間的收納與機能。

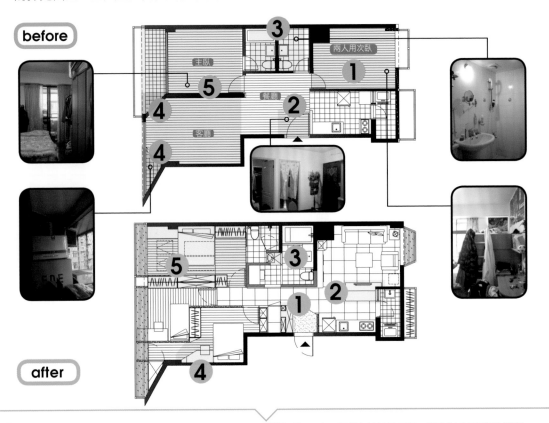

NG
1 ▶ 就讀高中和大學的男女生共用一個房間。
2 ▶ 入門玄關看穿餐廳，且堆滿鞋子。
3 ▶ 衛浴都很狹小，無法做到乾濕分離，更無收納機能。
4 ▶ 陽台的畸零角落，堆滿男主人的收藏品。
5 ▶ 原本兩房必須擠出三房。

OK
1 ▶ 玄關櫃轉角設計展示櫃，並延伸至客廳做拉門櫃。
2 ▶ 吧台與電視櫃結合，同時具備視聽與廚房收納機能。
3 ▶ 將兩間浴室同時加大，並使用可三向運用的系統櫃。
4 ▶ 以斜角手法在男孩房的單人走道上嵌入書櫃。
5 ▶ 主臥和女兒房之間使用雙面櫃，節省 7～8 公分的牆厚。

運用手法 1.2.3 ① ▸ 用滑門以換展 ② ▸ 轉角展示櫃 ③ ▸ 三向櫃 ④ ▸ 活用畸零 ⑤ ▸ 節省牆厚度

1 嗜好品從玄關開始演出

玄關左側集中收納區塊，結合玄關鞋櫃、儲藏室與男孩房的衣櫃，並在櫃子轉角為爸爸設計了展示櫃，多年珍藏的茶壺終於有了舞台。順著動線進到客廳，側牆也用層板與造型滑門設計了茶壺展示櫃，滑門的用意在於隱藏尚待整理的區域和借助推拉就能達到換展效果。

2 吧台結合多功電視牆

因臥房重新配置，客、餐廳挪至在右半部，大門開法也隨之改向，使走進屋內的視線可以順勢可以看見客廳窗外的綠景。廚房的位置沒有變動，但將低矮的吧台結合電視牆，用以區隔空間，另一方面也結合了 CD 音響收納、相片展示櫃與鍋具收納的機能。

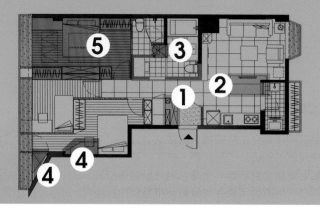

3 加大浴室，置入三面用櫃體

原本浴室狹小不好使用，將浴室空間推出來，使兩間浴室都有乾濕分離，客浴的乾區可當梳妝室，方便洗完澡吹頭髮或女兒梳化妝使用；而兩間浴室中間的系統櫃使用防水板材做三向運用，做為主浴的洗手檯與客浴毛巾櫃。

4 斜角手法將走道結合書房

為了讓男孩房與女孩房都有採光，房形設計類似兩個嵌合的「L」，並將男孩房的單人走道賦予書房機能。利用桌板與衣櫃的斜角對應，讓最窄區也能保持順暢動線。而衣櫃的畸零處則巧妙成為書櫃，轉身就可拿取。陽台三角形的畸零空間做為男孩房專用的儲藏室，用暗門手法隱藏。

5 運用雙面櫃，節省 8 公分牆厚

房子左半部必須規劃出主臥和兩次臥，為避免浪費空間，將衣櫃前後板當成輕隔間的前後板，衣物就等於隔音棉，主臥與女孩房使用雙面櫃方式隔間，節省 7～8 公分牆厚；而主臥結合電視與展示的收納櫃，龐大的機能被美化處理為分割線造型牆，隱藏了起來。

memo 1

板下收納活用（側向）

將主臥地板架高 40 公分，側向做了兩個較深的抽屜，深度等同於玄關區的寬度。做兩個的原因是當打開其中一個時，還可利用另一個沒開的空間來整理物品。

memo 2

板下收納活用（上掀）

利用地板架高，將凸窗離地 75 公分的平台變成了臥榻，並結合書桌設計。對應書桌的區域，地板局部做下凹處理，使書桌可以舒服放腳，較耐久坐。中間的地板區則結合上掀式收納。

儲櫃填補壁凹，修飾收納一次搞定

坪數 ■ 32坪	屋況 ■ 新成屋	家庭成員 ■ 夫妻 +2子	建築形式 ■ 單層	格局 ■ 四房兩廳 + 兩衛 + 廚房→三房兩廳 + 廚房 + 半開放書房 + 兩衛

單車與鋼琴，頭痛的大型物件老是沒處藏！

這對夫妻擁有一對活潑的小朋友，在溝通設計階段，他們以孩子成長為訴求，期待能妥善收納孩子的玩具、腳踏車與鋼琴，再加上屋主從事電子產業，必須有足夠的儲藏間分類收納貨物，因此在設計書房、餐廳、客廳時，不僅要以機能角度出發，更要讓父母可以隨時留意孩子的狀態，打造大人小孩都能安心居遊的家。原有的格局可以看到玄關與預設的餐廳沒有清楚的分界，而打算當成書房的空間也稍嫌封閉，當在裡面工作的獨處情況，不容易察覺孩子的動靜。在本案中，設計師以收納櫃安排一舉兩得完成空間分配，並打開書房，完成餐廳與書房高度互動的共享空間。

before　　　　**after**

NG

❶ ▶ 餐廳與玄關界線不明，缺乏鞋櫃、餐櫃等收納設施，大型單車也沒地方停。

❷ ▶ 空間稍嫌封閉，屋主工作時無法放心孩子的活動。

❸ ▶ 書房有根突兀大柱，開門進來的位置很難運用。

OK

❶ ▶ 利用管道間凸出牆差，設計 L 型櫃體，內部多重分割做多向多元收納。

❷ ▶ 書房和廚房用滑門活隔保持高互動。

❸ ▶ 書房以滑門替代牆，緊密結合餐廳，並增加儲藏櫃。

運用手法 1.2.3

 ① ▶ 櫃體界定　② ▶ 活動拉門　③ ▶ 畸零活用

1 三櫃一體兼界定空間

將鞋櫃、單車儲藏室與備餐櫃集中於一體，鞋櫃可做為玄關與餐廳的清楚分界，而隱藏後方的是備餐台，常用的熱水瓶等電器可一併收納其中。將鋼琴收納與衣帽櫃整合，木作牆設計可活動拆卸，以應將來可換成較大的鋼琴。

2 滑門隔間，餐廳與書房連結

書房使用滑門與餐廳區隔，將使用率偏低的餐桌也能化成書桌的延展。餐桌旁的電視嵌入牆面以節省空間，當大人在書房工作時，小孩在此畫畫、寫功課、觀賞影片，都能隨時保持互動。

3 畸零空間變身儲藏室

書房重新調整開口後，設計者利用大柱子旁的畸零空間設計儲藏室／櫃，供屋主分類收納商品，門片採用外開式，可避免門的迴旋空間佔去儲藏空間。

衣櫃代替樓梯，複層下方全是收納

坪數 ■ 25坪	屋況 ■ 預售屋	家庭成員 ■ 夫妻+2子	建築形式 ■ 單層	格局 ■ 三房兩廳＋兩衛→三房兩廳＋開放書房＋一夾層＋兩衛

看似漂亮的三房格局，潛藏著「過小」收納危機

這是一間預售屋的房子，一開始的格局，建設公司規劃了相當大的開放廚房，設想可以將餐桌擺在廚房內，不過其實這空間並不足以容納用餐空間，也容易影響工作動線。其次，三間臥房的空間都很有限，主臥房的衣帽間相當小，而姐姐的房間更顯侷促，於是設計師在客變時就介入格局的變動。

📍 利用客變，進行第一階段格局變動

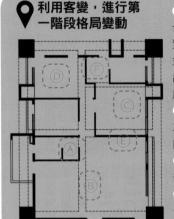

❶ ▸ 因為有客廁外洗手台（Ⓐ處），使餐桌位置（Ⓑ處）正對著玄關，並影響玄關與陽台的進出動線。因此，移除客廁的外洗手台。

❷ ▸ 將主臥（Ⓒ處）和次臥（Ⓓ處）對調，房門的位置也做了調整。

❸ ▸ Ⓔ處的牆面只做局部，預留日後使用。

❹ ▸ Ⓕ處往內退縮，預留為主臥更衣室。

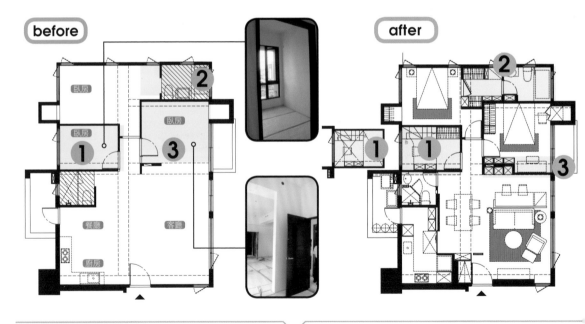

before

臥房　臥房❶　臥房❸　餐廳　客廳　廚房

after

❶　❷　❸

 NG
❶ ▸ 姐姐的房間很小，無法放入衣櫃、書桌與床。
❷ ▸ 主臥衛浴的馬桶擋住動線，使用不便。
❸ ▸ 次臥客變時只做局部，需要再做規劃。

OK
❶ ▸ 小孩房增加複層，將寢區上移，下方設計衣櫃。
❷ ▸ 調整主浴配置，使門可以內開，並在收納上廁所可與衣帽間連貫。
❸ ▸ 雙面櫃與凹凸牆運用，完美收納鋼琴與書籍。

1 複層手法，床榻與衣櫃合一

姐姐的房間很小，進門的走道兩側分別是衣櫃與書櫃，並將書桌與書櫃一體設計，大幅減少佔用面積。並運用複層手法將床移到上方，階梯下方全設計為抽屜，變成衣櫃的一部分。

2 廁門調整，衣帽間雙倍擴充

調整主臥浴室的馬桶、洗手台的位置，消除原本馬桶擋住動線的缺點，讓廁門的開啟方式更順手。

讓衣帽間從單一字型變成高收納量的雙一字型，同時也為廁所也多一個收納櫃功能。

3 計算牆差，鋼琴不凸出佔位

妹妹房間的牆面設定 40 ～ 50 公分落差，加上書櫃深度，直立鋼琴恰可分毫不差地放入。客廳以鋼琴烤漆的白色矮牆界定出書房區，牆面預先埋入迴路，電腦主機可與投影設備連接，讓書房隨時變身成為家中的娛樂中控台。

07

娛樂放鬆

在陽台或行走動線上，創造度假小空間。

格局除了討論機能性之外，氣氛的營造也是一大重點，經過妥善設計的行走空間，以及可與室內呼應的綠化陽台，或者在小空間內創造出舒服的視覺感受，都是讓家更佳賞心悅目的設計手法。

許多人總以為走廊是無可奈何的浪費空間，但其實動線與動線周邊景色的安排，可讓走廊從無聊的走路空間，提升成人見人愛的休憩空間。連續房間組成的長廊總是感覺很窒息，但如果將動線會合處的空間稍微放大，加入窗、邊桌、裝置藝術等端景，或者在走廊兩側安排展示櫃、書架，一邊走一邊玩味欣賞，製造停下腳步來欣賞、談天的緩衝點，可以避免封閉狹長的感覺，也使空間氣氛更顯活絡。甚至可利用房間局部開放的手法，將靠窗處連結成一條散步小徑，是不是也很美好？

此外，陽台也是家中營造氣氛的空間。陽台不只是拿來洗衣曬衣的凌亂後台，是放鬆享樂與經營興趣的好地方。家裡如果有兩個陽台最好了，一個拿來工作，一個用以娛樂，但如果僅有一個陽台，又能接受使用洗烘衣機，不妨將機器設備藏在室內櫃裡，把陽台用來當成小花園、小菜圃，或設一張吊床吹風賞景，不需等到連續假期，平常在家就能小度假一番。

手法 1 **視野延伸** ≫ 開放式空間，讓視覺穿透

在有限的都市住宅內，我們盡可能希望讓空間視野越寬廣越好，通常可透過空間開放、玻璃牆應用，讓空間與空間、室內與戶外能藉由視覺穿透產生連結，使空間的封閉感消失，達成放大空間效果。圖片提供＿逸喬設計（左）＋將作空間設計＆張成一建築師事務所（右）

手法 2 **美型陽台** ≫ 模糊室內外邊際，引景入室

陽台除了利用落地窗增加視覺穿透性外，還可以利用室內與室外材料的連續來模糊邊際，產生引景入室、空間向外延伸的效果。此外，陽台還可造景美化，成為房子與自然接觸的空間，像是在女兒牆加裝摺疊桌，當成手作或園藝等興趣空間，在戶外風景陪伴下作業心情更加愉快，同時具有易清理的好處！圖片提供＿德力設計（左）＋馥閣設計（右）

高低桌相連，拉闊客廳最大尺度

坪數 ■ 48 坪	屋況 ■ 新成屋	家庭成員 ■ 夫妻 +1 子	建築形式 ■ 單層	格局 ■ 三房兩廳 + 三衛→兩房兩廳 + 三衛 + 開放書房

孩子長大了，難再窩小次臥，不如減一房換取更衣室？

原始格局的玄關已經預留鞋櫃空間，並且妥善配置客廁，廚房空間也相當寬敞。最大的特點是，三個房間集中在空間左半部，公共空間呈寬敞的長方形，經過狹長的玄關進來，給人豁然開朗的舒服感覺。這個房子的居住成員不複雜，只有兩夫妻與兒子同住，因此並不需要第三個房間。此外，兒子年紀已不小，不久即升大學，因此次臥規劃須比照套房，擁有專屬的起居空間與衛浴。整體設計的重點，將放在臥房調整，與如何在公共空間妥善設計書房與餐廳，同時避免讓失去寬敞感。

NG

❶ ▸ 居住成員只有夫妻加兒子，三房多出一房。
❷ ▸ 扣掉走道，主臥衣帽間的收納量不足。
❸ ▸ 公共空間要容納客廳、餐廳與書房機能。

before

OK

❶ ▸ 多出來的房間分給主臥和次臥使用，主臥因此多出更衣室。
❷ ▸ 次臥房門移出，將衛浴順勢納入，形成完整的套房。
❸ ▸ 不另設書房，而是架高地板並與餐桌結合，合併書房與餐廳機能。

after

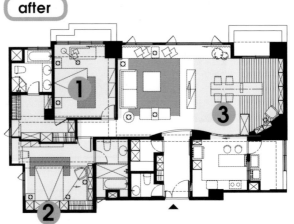

運用手法 1.2.3

① ▶ 減少房間數　② ▶ 門片移位　③ ▶ 高低桌相連

1 三房變兩房，多出主臥更衣間

多出來的房間若當成書房，感覺太過封閉，且主臥衣帽收納量原本就不足，索性將多出的房間一分為二，分給次臥與主臥使用，同時也達到區隔空間的作用。

2 依光線設置閱讀區

主臥衣櫃深度採漸進式階梯設計，為的就是將窗戶一分為二，分給次臥使用。次臥利用新增採光與壁凹，增加桌面，成為閱讀桌與梳妝台。

窗戶分割

3 高低雙桌相連，扣緊前後空間

由於屋主一家平日較少聚在餐桌吃飯，廚房的吧台即能應付日常使用。考慮書房若採獨立式設計，整體空間感會切割得太零散，設計者以抬高兩階的木地板做為暗示，利用兩張桌子（餐桌與書桌）串連，讓區域與區域之間緊密相連。

memo 高低雙桌相連的設計秘訣

餐桌高度為 75 公分，扣除書房架高兩階（各 16 公分），就是書桌所需要的高度：75 公分 -16 公分 ×2=43 公分，再依照書桌高度訂製所需要的椅子。

43 公分

32 公分

75 公分

TV 牆減縮如壁爐，不擋大窗綿延風景

坪數 ■ 30坪	屋況 ■ 中古屋	家庭成員 ■ 單身	建築形式 ■ 單層	格局 ■ 兩房兩廳＋兩衛→一房兩廳＋一更衣室＋一起居室＋兩衛

制式的格局配置，讓大好的河岸景觀，硬生生被隔牆中斷！

這個房子屋齡大約6年，前一任屋主保留了建商的基本配置，新任屋主因為是單身頂客族，生活空間需求極富彈性，不需要受限於3房2廳的配置。當設計者在空間進行測光時發現，這個房子位在邊間，三面都有良好的自然光，其中有一側還能看到漂亮的河景，這一點是否有機會成為空間的可能性？把分散的廁所集中在同一位置，用馬蹄型的概念去配置空間，將公領域放在開放的「L」字帶上，私領域放在「I」字帶上，兩者之間使用穿透介面區隔。此外，將電視「牆」減為壁爐大小，顯現出連續窗面，將整個空間的主題放在風景上，臥房也加入植生牆設計，讓綠意無所不在。

NG

❶ ▸ 可以看見河景的兩大窗被牆隔開，餐廳、廚房塞在空間最角落，看不見風景。

❷ ▸ 不需要客房，臥房可取消一間。

OK

❶ ▸ 拆除兩大窗之間的牆面，將餐廳和廚房挪出，讓居家活動皆有河景相伴。

❷ ▸ 客廁移至主浴位置，將起居室、睡房、更衣室整併在「I」字型上，私領域方便而完整。

before

after

運用手法 1.2.3

① ▸ 拆牆顯現連續窗　② ▸ 多空間整併在「I」字帶上

1 客餐廚空間共享河岸美景

拿掉兩大窗景中間的牆面，將廚房、餐廳與客廳配置在 L 型開放的區域，電視牆採用類似壁爐的手法處理，消彌了窗戶轉折的突兀，達成無障礙的氛圍與風景。電視安裝可轉向的壁掛架，可供客廳與餐廳使用。

2 私領域整合在「I」字型帶，空間更開闊

客廁移動到主浴位置，兩間廁所重新設定編排，將睡房、起居室與更衣間三合一，設計在「I」字型的開放空間，而公領域與私領域的中間則以強化玻璃搭配滑門窗簾加以區隔，讓整個空間更富穿透感，也間接地促使整個空間的寬闊性，令人感覺放鬆。

memo 植生牆掛畫成為臥房風景

睡房以一道綠牆區隔，牆的背面同時也是衣櫃，兩側皆可通往後方更衣室。屋主希望在臥房也能看見風景，因此加入植生牆概念，讓有生命力的掛畫把牆化為垂直的花園。

■ 空間設計 & 圖片提供 / 德力設計 許宏彰　TEL：02-2362-6200　150 / 151

一桌串聯室內外，花園用餐不是夢

坪數 ■ 30坪	屋況 ■ 新成屋	家庭成員 ■ 夫妻+1子	建築形式 ■ 單層	格局 ■ 三房兩廳＋一衛→兩房兩廳＋一書房＋兩衛

餐廳和廚房躲在空間最角落，難以使用，又看不見大好窗景！

這個新成屋原本配置有一個陽台，可以從客廳與次臥進出，讓兩個空間同時使用。因為屋主只需要一個主臥和一個小孩房，陽台邊的房間可以不必當成一個「房間」——這樣的條件多麼誘人！如果能把塞在角落的陰暗廚房與餐廳挪個好位置，也許這個陽台會是一個串連戶外與室內的空間三次元。於是，將廚房換到外面的位置，以二合一冰箱／鞋櫃界定玄關；餐廳與書房合併後，利用吧台、矮櫃將整個公共空間貫成一個大場域。即便是在最深處的廚房位置，視野範圍也可收入三大片連續的窗景。再藉由一張長桌穿透陽台內外，使室內與室外互串，當壁面漆上稻穗色彩，使整個空間就如同密封罐般，將屋主喜愛的陽光下午茶時光保存起來。

NG

❶ ▶ 屋主希望保留主臥和小孩房，次臥空間變得多餘。

❷ ▶ 廚房塞在全屋最角落的小空間內，狹窄難以使用；因為大樑關係，餐廳又暗又壓迫。

OK

❶ ▶ 次臥改為書房，利用書桌兼餐桌的形式，將空間整合成公領域。

❷ ▶ 將最角落的小廚房外移，運用吧台與客廳相隔，還可收入大片窗外景色。

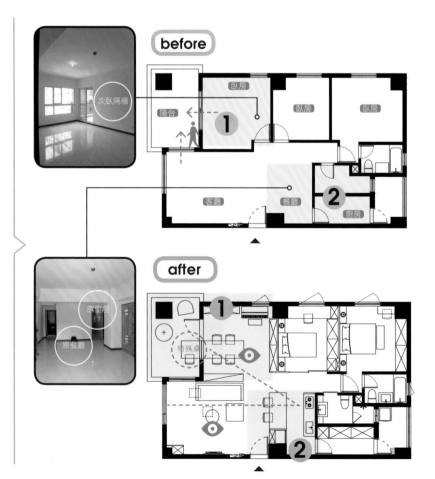

運用手法 1.2.3

① ▶ 空間整併　　② ▶ 矮櫃界定　　③ ▶ 玻璃介面

1 客廳與書房（餐廳）二合一

釋放不需要的次臥空間，讓客廳與書房（兼餐廳）二合一，空間整合成一個公共區域。書房與客廳僅以地坪上的變化，加一只矮櫃相隔，維持寬敞的視覺感受。

（memo）

穿過玻璃窗的桌子，將室內外合而為一

將書桌／餐桌的鋼刷鐵刀木以鐵件強化，一路延伸出去到陽台，中間穿過強化清玻璃落地窗，製造室內與室外合而為一的效果，當一家人在這裡用餐也能感受到遠山天際的風景，陽台也變成享受下午茶的祕密花園。

2 廚房外移，收入大片戶外窗景

將廚房換到外面的位置，以冰箱／鞋櫃界定出玄關空間。廚房的視野範圍可收入三大片連續的窗景，廚房與客廳之間以吧台來界定，可以在此簡單輕食或享用早餐，並享受窗外的美景。

08

健康風水

用「科學風水」帶來居住的安定感。

　　所謂風水就是古代的建築法規，無非是以「建築工法」、「使用心理」、「安全」、「動線」等考量衍生，例如，廚房水火相對則動線不順（水槽距離爐火遙遠），開門見灶則是基於傳統木造建築的防火考量，避免穿堂風吹熄灶火或將火星吹出灶外。

　　但隨著設備現代化、建築工法與使用者生活型態改變，舊法不適用於時代，「科學風水」取而代之，以心理層面探索其背後意涵。舉例來說，玄關、房間入口忌諱「穿堂煞」，其主要思考是為了讓位處室內的主人有準備心理，同時給予由外進入的客人有整裝立儀的緩衝空間。「文昌位」忌諱背對房門入口，佈局須四平八穩，其設計目的是為了使專注力能集中。同理可證，客廳座向或臥房床位通常避免背對樓梯、大門，或不可正對鏡面，這些規矩都是為了避免突如其來的驚嚇、眼睛長時間注視容易產生不適，並且也考慮女性坐姿的隱私……一旦明白老祖宗安排風水的思考之源，只要掌握要領，即使不按照傳統格律設計，一樣能打造出開運好住宅。

手法 1 漸進緩衝 ▶ 利用隔屏，塑造視覺緩衝

圓環是都市的玄關，功用在於使穿流的車潮減速，安全地交會分流，而住家玄關的功用也是如此。玄關可不囿於以牆（櫃）體區隔，舉例來說，飯店大廳裡，玄關有另一種方式表現，正對迎賓門的大型雕塑、邊桌與花飾等，可在開門瞬間成為注目焦點，用意是為了結束進入空間的急躁感，讓視覺有層次的向內探詢，心情逐漸獲得舒緩。居家空間可利用燈光、掛簾、隔屏等塑造緩衝，無形劃分區域感，也能營造出內外層次。

圖片提供__成舍設計（左）+ 尤噠唯建築師事務所（右）

手法 2 化解壓迫 ▶ 消弭本樑的形式，解除壓迫

經常可見的風水問題是天花壓樑與床尾朝外。床尾朝外或朝窗的忌諱源自祭儀，但在視野難求的都市住宅內，晨起就能欣賞風景卻是可貴的，通常設計孝親房時得格外注意長輩們是否能接受。壓樑容易影響心情，建議利用邊櫃、衣櫃等方式化樑為櫃，或使用跳色、間接燈光方式弱化樑體量體，不得已才使用平封方式處理過樑；而橫亙客餐廳的大樑則可以利用增加複樑的方式，以造型手法轉移焦點。

圖片提供__ SW Design 思為設計（左）+ 將作空間設計＆張成一建築師事務所（右）

本單元使用符號　👤 動線　👁 視線　☀ 採光　🔁 通風

坪數 ■ 25坪	屋況 ■ 中古屋	家庭成員 ■ 夫妻	建築形式 ■ 單層	格局 ■ 三房兩廳＋一和室→兩房兩廳＋一書房＋一更衣室

> **大門位置向外對樓梯間，向內又對窗，影響居家氣場的穩定度！**

這是一個25坪左右的房子，屋主是一對準備結婚的年輕夫妻，他們希望設計師規劃房子時，能以兩人需求為主要考量，但得預備第二個房間，將來做為小孩房／客房。原始的平面最大問題在於大門位置不佳，開門即正對樓梯，直接影響家中氣場之穩定；此外，大門穿堂且缺乏玄關，雖然客廳很方正，但且若增加了玄關，恐怕破壞空間完整性。屋主夫妻期待能解決上述問題，並希望擁有一座美國中西部家庭常見的開放大廚房，以及合併書房、更衣間的大主臥，營造出親密相伴的家。

before

after

NG

❶ ▸ 大門位置不佳，不但正對樓梯間，也有穿堂煞問題。

❷ ▸ 玄關狹窄，若是讓出鞋櫃位置，便會破壞客廳的完整性。

❸ ▸ 書房位居最角落房間，顯得封閉難互動。

OK

❶ ▸ 大門位移，保留客廳完整性，並打造玄關空間。

❷ ▸ 大門轉向創造玄關空間之後，產生開門見灶之虞，於是用假牆相隔，並創造出自由進出兩廳的便利動線。

❸ ▸ 拆除書房牆面，改以兩座衣櫃，界定出更衣室、書房與主臥空間。

運用手法 1.2.3

① ▶ 大門移位　② ▶ 化解見灶　③ ▶ 衣櫃隔間

1 大門移位，穩定氣場

將大門位移，使出入動線不再有樓梯衝煞與穿堂問題。新的大門入口，以穿鞋椅結合假牆塑造出雙動線玄關，兼任客廳與餐廳的銜接要道；而原始大門之門洞則以玄關櫃封起，以便日後需要回復。因玄關櫃的高且深，所以設計為高身側拉櫃，方便拿取，並滿足屋主夫妻的置鞋量。

原大門

2 玄關假牆化解開門見灶

取消用不到的和室空間，使玄關右手邊整個區塊變成餐廚合一的大空間，玄關假牆化解了開門見灶的風水禁忌，同時也以系統廚具完美收尾。廚房利用吧台做半開放隔間，使在廚房內燒菜時，也能與其他空間互動。

3 衣櫃替代牆，劃分親密空間

男女主人需要有各自的讀書與工作空間，但同時又希望兩間書房不要太過疏離，於是提議將書房併入主臥。設計師取消原本隔間牆，以兩座衣櫃替代牆面，在大臥室中劃分出讀書區、更衣室（兼書房）、睡眠區，讓空間彼此依賴陪伴，使有一方需要熬夜工作時，也不至於感覺孤獨。

■ 空間設計 & 圖片提供／馥閣設計 黃鈴芳　TEL：02-2325-5019

坪數 ■ 42坪	屋況 ■ 新成屋	家庭成員 ■ 夫妻+1子1女	建築形式 ■ 單層	格局 ■ 三房兩廳 + 兩衛→ 三房兩廳 + 兩衛 + 一書房

從玄關就能一眼看穿客餐廳，缺乏內外緩衝，生活隱私全曝光！

原始格局的最大缺點在玄關直接穿堂，正對落地窗，在風水上有難以聚氣之説；於使用心理而言，玄關不僅是用來拖鞋置物，也是內與外的重要緩衝。同時，這個空間的玄關與餐廳存在界線不明的問題，一進門即緊接著餐廳，而餐廳的深度也不是那麼理想，大部分的空間都被走道佔用了，使用上相當委屈；再加上廚房太小、冰箱只能擺在外面，客人一進門就面對如此坦蕩蕩的生活真相，彷彿整個空間都「走光」了。另外，走廊的盡頭聚集著三間臥房和客廁的開口，多人同時進出時，便會產生壓迫感。

NG

① ▶ 玄關直沖陽台落地窗，形成穿堂煞。

② ▶ 開放廚房緊鄰玄關，一進門即見生活景象。

③ ▶ 走廊的盡頭聚集了三間臥房和一客廁的開口，令人感覺壓迫。

OK

① ▶ 使用弧形玄關迴避沖煞的風水問題，同時創造出藝廊般的端景。

② ▶ 增加玄關木作櫃與廚房區隔，不但具遮蔽效果，也延伸出空間讓給廚房設備。

③ ▶ 將次臥玄關釋放出來，牆線內退，形成可以迴遊的小廣場。

TIPS
運用手法
1.2.3

① ▶ 以弧形玄關避煞 ② ▶ 用隔間延伸空間 ③ ▶ 牆線內退

1 用弧形玄關避掉穿堂煞現象

使用玻璃格柵構成的弧形玄關，融入風格藝廊概念，取代一般常用的屏風。弧形空間的好處是可藉由開口設定，巧妙引導動線轉向，迴避陽台落地窗沖煞的問題，並塑造出一個進與出的暫停空間，並有足夠空間放穿鞋椅，可以不急不徐換好鞋、整理好心情後再進到室內。

2 玄關木作牆隱藏廚房設備

玄關木作牆結合廚房隔間，使廚房空間可以延伸，增加擺放冰箱與餐櫃空間，使工作動線較為順暢、收納機能也更為完整。廚房滑門貼皮與木作牆相同，待客時可關起隱藏。

3 牆線內退，創造迴遊的小廣場

三個房間與客廁的開口相當集中，動線終點都在走廊的盡頭，容易感覺壓迫，萬一多人同時進出的時候，容易發生塞車情況。調整廁所的設備配置與開口，將沒有意義的次臥玄關釋放出來，使牆線可以內退約80公分，形成一個可迴遊的小廣場，給予房間與房間互相尊重的距離。

■ 空間設計 & 圖片提供 / 演拓空間室內設計 張德良、殷崇淵　TEL：02-2766-2589

case 3　讓「廚房感」消失，開門見灶另類解法

坪數 ■ 28 坪	屋況 ■ 預售屋	家庭成員 ■ 夫妻 +1 子	建築形式 ■ 單層	格局 ■ 三房兩廳 + 兩衛 + 更衣室→ 兩房兩廳 + 兩衛 + 更衣室 + 書房

廚房、玄關、陽台，複雜三角關係，其實浪費了許多空間！

過去格局可見人們的空間心理障礙，往往落入開門見灶的風水迷思，想盡辦法要用牆將廚房圍起來，造成不少空間浪費。在此案中尤其可見，玄關走道與廚房service的走道合起來的面積，幾乎等於一個房間，廚房的使用面積卻很小。在空間有限情況下，屋主希望在28坪空間完成三房兩廳，並且要有大廚房與書房，在預售階段經過屋主與設計雙方不斷討論，完成這個廚房與玄關合一的大膽變革。設計師通過廚具與家具一體化的手法，化解文化衝突與心理障礙，打造出提供廚房service與具備收納機能的循環動線。

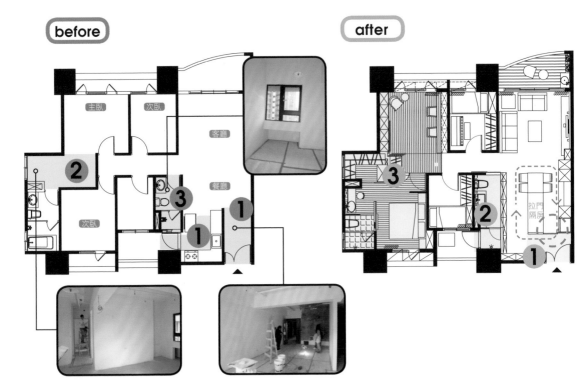

before　**after**

NG

❶ ▶ 廚房用牆圍塑，使不少空間只能做純走道使用。

❷ ▶ 更衣室看起來很大，但收納空間大多被純走道佔去。

❸ ▶ 兩間次臥與客人共用的廁所太小。

OK

❶ ▶ 廚房與玄關合一，用拉門活隔，形成環狀動線。

❷ ▶ 客廁加大，陽台局部變成淋浴間。

❸ ▶ 主次臥調換位置，打造出孩子共用的起居間與安靜書房。

運用手法 1.2.3　①▶ 廚具家具化　②▶ 拉門隔屏　③▶ 使用時間差

1 顛覆廚房印象，化解風水迷思

廚房與玄關合一，用拉門做活屏風，以島區為中心完成環狀動線。雖然廚房正對大門，但透過廚具（櫃）家具化手法，將龐大的儲物功能隱藏在造型立面後，化解櫃體壓迫，也讓廚房不似廚房，讓人在毫無察覺的情況下，沒有心理負擔地輕鬆通過。玄關屏風同時也是廚房門，隨開闔顯現出的寬敞中島，與便捷的環狀動線。

memo 解決管線問題格局不受限

廚房與陽台總是形影不離，是長久以來建設公司在格局設定的「心結」，其實是源自於過去使用桶裝瓦斯、沒有天然氣的謬俗。預售屋只要在客變階段解決冷熱水給水問題、抽油煙、瓦斯供給問題，就能解決廚房與陽台一定要在一起的問題，廚房便能隨格局需求到處搬。

2 陽台 VS 淋浴間的時間差應用

因為廚房移位，工作陽台的一部分就可以轉成淋浴間，讓客廁空間可以更加舒適；動線設計則應用時間差法則，由於洗澡與洗衣的使用時間並不重疊，所以讓工作陽台直接由淋浴間進出。

3 營造氣氛安靜的書房

將主臥位置調換，讓房間形狀較為完整，能有效率安排更衣室。考慮客餐廳空間已足夠寬敞，所以將書房放在較安靜的內部區域，並使用拉門，既可開放，也可獨立，就算有客人拜訪，孩子也能專心讀書。

壓樑與對門煩惱，用壁材拉齊隱藏勾銷

坪數 ■ 19坪	屋況 ■ 預售屋	家庭成員 ■ 夫妻	建築形式 ■ 單層	格局 ■ 兩房兩廳＋一衛→一房兩廳＋一衛＋一書房

> **大樑通過客廳沙發上方；房間對門煞，半夜開門易驚嚇！**

這張平面常可見於當今大樓式的住宅，最大的問題是建商為了節省走道空間，因此將三個房間的出口放在一起，造成三門相對的局面，在風水上稱為「對門煞」。從設計層面看，這樣的設計會使動現的終點都集中在同一位置上，如同所有水管的出口都在同一個水龍頭，萬一流量大的時候，人就很容易擠在一起。如果半夜迷迷糊糊起來上廁所，門對門容易發生相撞或驚嚇。將兩房公寓以單身貴族的生活形態重新設想格局，設計者在客變時即將次臥釋出，換取較寬敞的主臥與加大衛浴，營造更享受的生活尺度。此外，將衛浴出入口轉向，與主臥出入口隱藏於風化梧桐木牆，化解兩門相對問題，而木牆與略微突出的木地板，自然形塑出電視主牆的感覺。

NG

❶ ▶ 為了節省走道空間，三個臥房出口全擠在一起，造成風水上的「三門煞」。

❷ ▶ 客廳沙發上方有橫樑經過，容易產生壓迫感。

OK

❶ ▶ 主浴墊高重配，主臥地板順勢架高，與電視牆整合。

❷ ▶ 局部平封天花，化解客廳沙發上方壓樑的情況，同時界定出客廳與書房。

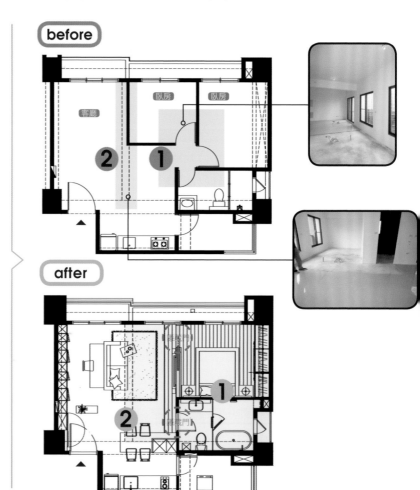

before

臥房　臥房
客廳

after

釋表門

① ▸ 暗門隱藏　　② ▸ 平封天花藏樑　　③ ▸ 玄關藝品轉移焦點

1　解除集中出入口，化為同面向隱藏門

衛浴加大並重新配置設備、變更出入動線，配合管道變更架高工程，藉由地板高低差劃分主臥與客廳，使用風化梧桐木牆將主臥與浴室出入口化為無形。地板突出於牆線兼具電視櫃功能，視覺上具有延伸串連空間效果，也成緩衝踏階，避免板塊唐突發生跌倒意外。

2　高低天花化解樑煞

格局重新調整後，客廳沙發位置恰好位在大樑下，在風水上稱之「壓樑煞」，心理上容易造成壓迫感。為了保持空間開闊感，僅從樑線到主牆這一區塊局部平封天花、隱藏結構，而天花板的高低差也具有暗示客廳與書房的效果。玄關用藝品擺飾劃分內外，轉移穿堂直接見窗的焦點。

memo 架高地板以不超過 15 公分為佳

利用架高地板界定空間，高度不宜太高或太低，最高不要超過一個樓梯踏階的高度（大約是 15 公分），如果高低差達 18 公分，就會爬樓梯的感覺，行進容易產生負擔感；但也不要只有 2 ～ 3 公分，很容易踢到或跌倒。伴隨架高地板，人就容易產生「想脫鞋」的心理暗示，建議地板下可保留局部懸空來收放鞋子，若架高 15 公分，板下可有 7 ～ 8 公分剛好可收鞋，避免房間外鞋子凌亂擺放的問題。

玄關藝品

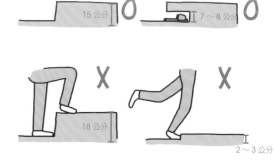

15 公分　　7 ～ 8 公分

X　　X

18 公分　　　　2 ～ 3 公分

■ 空間設計 & 圖片提供 / 明代室內設計 詹勳明　TEL：02-2578-8730、03-426-2563　162 / 163

chapter

3

跟設計師學隔間

迂迴動線
切出可居可游的單身格局

坪數	**27坪**
屋況	**新成屋**
居住成員	**單身男子**
建築形式	**公寓**
格局	**三房兩廳 ▶ 一房一廳+開放式書房**

◉ Reform Point

before	沒有玄關機能，鞋櫃無處放。	三房過於集中，縮小空間區塊。	主臥開口過道窄小，成為無用的畸零。

 after　設置一體四面的玄關櫃屏。　取消一房，提高客、餐廳的開闊度。　變更主臥房門位置，延伸出更衣室。

設計師格局思考筆記

這是一個單身男子的居住空間，三房兩廳的格局，因為3房過於集中化，讓室內所有的格局邊緣化。設計師維持兩房的使用，調整客廳、主臥開口，將格局重新洗牌，爭取到更衣室的機會，提升臥房的收納機能。一打開大門，則直接對到主臥房門，且缺少玄關機能。因此，整合鞋物收納的櫃屏區隔空間，拉長使用空間的動線，多變而有趣，翻滾出一層層驚奇浪花。「動線過長不是不好，從本案設計得到驗證。」建築師尤噠唯指出。這是場動線與格局的角力戰，微調的格局變動，改變空間動線的使用模式，顛覆了傳統對於「動線長短」的正負印象。

 屋主需求清單

↘ 喜歡攝影，需要一個可處理攝影相關事務的空間。
↘ 身為瓷器設計師，希望家裡有一間書房或是工作區。
↘ 雖然是一個人住，也希望擁有好收、好拿的儲物空間。

Step 1
第一次格局思考

設計師思考

1 原 3 房 2 廳的格局，減少一房，並以長桌整合餐廳和書房工作區。
2 重劃主臥格局，活化畸零角落，爭取一間更衣室機能；改變房門位置，化解大門正對房門的問題。
3 在書房工作區架高 30 公分的地板，讓兩區開放又獨立。
4 設置玄關櫃，並以此作為隔間，將玄關與客廳分隔開來。

屋主回應

Ⓐ 從玄關轉進房間的動線過長；餐桌一側背對著玄關大門，感覺有點突兀。
Ⓑ 架高的地板將公共空間一分為二，客廳空間好像變窄了。
Ⓒ 玄關與客廳互動問題。

Start
before

NG1 ▶ 室內隔間一區區，每一區看起來都不太大。

NG2 ▶ 大門正對著主臥房門，不符合居家風水設計。（註：臥房在風水上屬於重要的財庫之一，若是與大門相對，則會造成守不住錢財的不利風水。）

改造
重點

NG3 ▶ 玄關沒有放置鞋櫃的地方。

Step 2
第二次格局思考

設計師
思考

1 保留大長桌，並向內側移動，讓客廳空間變大。
2 取消架高地板，讓地坪視覺水平延伸。
3 客廳配置轉向，以活動式電視牆提高客廳與玄關的互動。

屋主
回應

A 書房是獨立的寧靜空間，希望影響書房的干擾降至最低。
B 客廳配置轉向，玄關的收納空間似乎跟著減少。

Final
after

設計師
思考

1 回歸格局安排的原點，各區獨立，但開放串聯。
2 客廳與書房位置對調，玄關櫃屏滿足收納與隔間功能。

運用手法 1.2.3，接續下頁 ▶

運用手法1.2.3

after

完成重點

Point 1 ▶ 透過鞋櫃屏，讓玄關動線變得迂迴有趣。

Point 2 ▶ 客餐廳空間調整一個水平通透的大整體。

Point 3 ▶ 用 L 型清水模牆做為餐廳與書房的分界。

Point 4 ▶ 改變房門位置，爭取到了增加更衣室的機會。

　　標準的三房兩廳格局，因應單身屋主的使用需求，以取消一房，換取他所需要的書房，隨著3房變2房的「減」動作，原本客廳與餐廳對看斜坐的疏離感，一躍成為互動良好的開闊格局，在橫向、縱向都是無比延伸，屋子裡最尾端的餐廳、廚房也因此獲得前面的採光分享。更進一步地，主臥原開口的窄小過道，隨著變更房門位置，添加了實用的更衣間，整體空間的使用更有效果。

　　客廳與相鄰的書房，利用5支H型鋼、兩堵清水模牆，作為架構空間的開始。原本缺少的玄關機能，透過一面鞋櫃屏風的加入，將大門玄關區隔出來，為公共空間切出了有趣的動線，屏風整合鞋櫃功能，左右兩個側面的開放式收納架，支援客廳、書房使用。另外，透過鞋櫃屏風，讓玄關動線變得迂迴，客、餐廳變成一個大整體，而且必須穿越客廳才能進出書房、主臥。書房被定格於客廳後方，一面L型清水模矮牆、架高地板，切開了書房與客廳之間的連繫，卻同時提供沙發、書桌所需的倚靠力量，搭配鞋櫃屏風的包覆，讓主人待在書房活動時，享受難得的清幽寧靜，看見一片平坦遼闊的景象，自由奔放。

<table>
<tr><td>Point
1</td><td>**玄關櫃屏**
切出有趣的迂迴動線</td><td>動線　收納</td></tr>
</table>

原本一打開大門，便直接正面迎向主臥房門，而玄關也因建築結構設計的關係，導致沒有地方擺放鞋櫃的局面。重整格局時，藉由主臥房門開口位置的改變，客、餐廳兩區的調整，以及玄關櫃屏的加入，實質地劃出玄關範圍，拉長了進出書房的動線，必須穿過客廳才能到達。玄關櫃屏提供一體四面的服務，它既是玄關、書房的屏障，給予書房絕對的寧靜包覆，構成一個半遮半透的玄關入口，同時滿足玄關區所需的鞋物收納，櫃屏前後的開放式層架，又能支援客廳、書房收納使用。

櫃屏滿足收納需求

櫃屏構成一個半遮半透的玄關，滿足玄關、客廳及書房的收納，帶出玄關過道動線，進出書房也因此變得有趣。

櫃屏構成書房的屏障

書房因客廳、玄關櫃屏的包覆，而取得絕對的寧靜、獨立，卻因廳區採開放設計而享有開闊視野。

取消小房
解決客、餐廳的疏離感

採光 坪效

常見的三房兩廳格局，因3房的過度集中，形成一區區各自獨立的狀態，客、餐廳之間雖然沒有阻隔，卻淪為斜坐的疏離感。針對單身的屋主使用，來調整格局安排，維持2房配置，以一房換取客廳、書房的開闊大器。客廳、餐廳調整成一個水平通透的大整體，原客廳位置則規劃為書房，餐廳併入開放式島型廚房裡，當人們在廚房、餐廳活動時，也能與客廳正在進行的活動呼應，視線穿過客廳，看見前陽台屋外的天光明月，教人心曠神怡。

取消一房，緊密客餐廳的關係

原一間小房將客、餐廳兩區切開，隨著格局調整，取消小房後，讓客、餐廳拉整至同一個水平面，兩區的互動性立即提升。

立體線條牆整合客浴開口

客、餐廳整合成一個開放的大區間，餐廳併入開放式島型廚房裡，一旁的立體線條木作牆隱藏著客浴入口。

變更房門位置
主臥套房升級的關鍵

收納 坪效

主臥房門位置更動，臥房內部的可利用空間整個改觀。原本因為開門設計，在主臥入口形成的一個無法利用的小畸零過道，因房門位置變更，爭取到了增加更衣室的機會，整合相鄰的浴間，形成一進、一進式，實用又有趣的機能區間。順著更衣間的衣櫥設計，向外延展成床尾的落地櫃子，將主臥的可收納量提升至最高，整體空間又不失簡約時尚，進出主臥的房門開口併入電視牆設計，為擴大主牆的尺度做出貢獻，一舉兩得。

<table>
<tr><td>

Point

3
</td><td>

L型清水模矮牆
區隔書房、客廳空間
</td><td> 特殊機能 </td><td> 收納 </td></tr>
</table>

客廳與書房之間，以一道L型清水模矮牆、架高木地板來切開與客廳的連繫。清水模矮牆是書桌的支撐，也是客廳沙發座區的倚靠，呼應清水模電視牆設計，點出整個開放空間的主題。身為瓷器設計師的屋主，喜好攝影活動，清水模自然又細緻的紋理，明媚陽光的投影下，光影幻動，瞬間萬變。書房是主人的閱讀角落，也是他的攝影工作間，因清水模矮牆而有了專屬的包覆感，沉浸在影像之美時，眼前一片開闊自然。

隱藏在沙發背牆後的書房動態

客廳往前移位後，原位置改成書房，利用沙發背牆、架高地板來區隔空間，L型清水模牆也提供書房隱私遮掩。

活用樑下空間做收納計劃

建築的結構發展成一面巨大的書牆，搭配鋼構等異材質的使用，表現櫃牆既輕盈又剛強的衝突美感。

由更衣室延伸出來的櫥櫃

更動主臥房的開口位置後，騰下來的空間改為更衣間，並發展成一道綿長的櫃牆，提供高容量的儲物使用。

利用木作牆面柔和空間

主臥床頭右側是附屬浴間，進出浴間的入口隱藏於一面木作牆體，柔和的木紋肌里與清雅的床頭牆相呼應。

虛實暗示
盛放女性特質的好運宅

坪數	18坪
屋況	新成屋
居住成員	1人+3隻小狗
建築形式	大樓
格局	兩房兩廳兩衛 ▶ 一房兩廳一衛

👁 Reform Point

before	缺乏玄關，有開門見灶風水問題。	坪數不大與過多隔間窄化。

after | 鞋櫃半遮半擋，
區分內外。 | 地板取代實牆，
隔間虛化。 | 電視牆複合中島，
打造雙動線。

設計師格局思考筆記

屋主為年輕都會女子與三隻愛犬同住在這一間僅有18坪的房子，格局方正、單面採光，有不錯的大陽台；然而，卻硬塞了三個房間與兩間衛浴，使原本就已的房子被切割為三等分，顯得更加狹窄。加上公共空間深度有限，扣除廚具佔據面積，使房子難以有完整的玄關，產生開門見灶、大門穿堂的風水問題。設計師即以「盛開的花朵」做為設計主題，衍生出女主人本身追求的生活態度及個性特質，利用語彙、媒材的統合，隱喻堪輿本身的制式限制條件，讓空間回歸生活、回歸純粹，圍塑出女主人希冀舒適而恬靜的生活風景。

✓ 屋主需求清單

↘ 需要有充足的置衣與收納空間。
↘ 打造開運的風水好宅。
↘ 家中三隻小狗也可以奔跑活動。

Step 1
第一次格局思考

設計師思考

1 取消客房與書房隔間，使用木地板做開放界定，將客廳、廚房、書房、餐廳合而為一。
2 藉由電視牆將空間分為公共與私密兩大區域，主臥做暗門隱藏。
3 客廁改為外衣櫃，用來收納厚重的冬季衣物，並利用廚具／鞋櫃屏蔽玄關，使內外有所區分。

屋主回應

Ⓐ 公共空間的尺度可再擴大。
Ⓑ 增加收納大型物件的儲藏室。
Ⓒ 能夠有度假飯店般寬敞的浴室，淋浴與泡澡區各自分離。

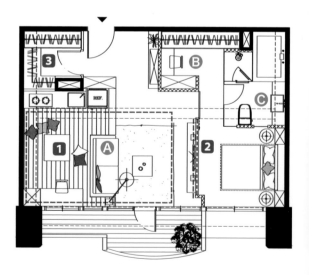

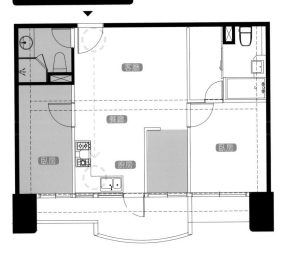

Start

before

改造
重點

NG1 ▶ 進門直接看到廚房，在風水上有「開門見灶，錢財多耗」之說。

NG2 ▶ 客房與書房狹小，一個人住也不需要這麼多房間。

NG3 ▶ 客廁使用頻率少，不需要兩套衛浴。

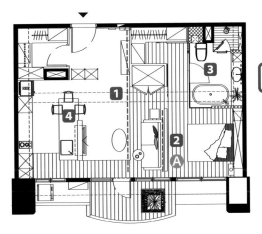

Step 2

第二次格局思考

設計師
思考

1 用木地板取代實牆，將隔間虛化。
2 客廳 180 度轉向，以玻璃牆區隔睡眠區，維持起居隱私。
3 浴室加大，使用玻璃材質隔間，輕化量體。
4 將廚房改為平行客廳，讓中島桌可以結合電視牆。

屋主
回應

Ⓐ 睡眠區與客廳使用玻璃隔間感覺較生硬。

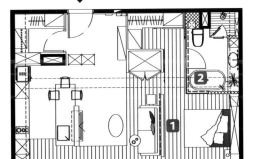

設計師
思考

Final

after

1 睡眠區與客廳改以造型木作牆當成屏風，花朵造型呼應女性特質。
2 浴室玻璃材質也加上扶桑花語彙，完成空間主題。

運用手法 1.2.3，接續下頁 ▶

運用手法1.2.3

after

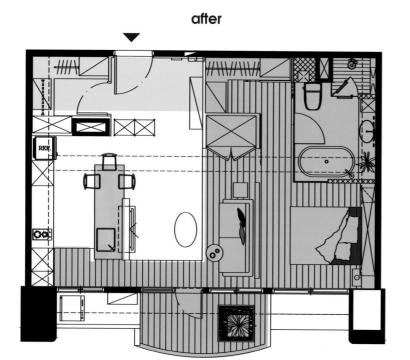

Point 1 ▶ 以鞋櫃為坪，避免大門穿堂。用不到的客廁則變成擴充的外衣櫃。

Point 2 ▶ 取消所有牆面，用木地板取而將平面分割1/2，區別出公私兩大領域，並將更衣間、浴室加大。

Point 3 ▶ 木地板沿著窗邊延伸至廚房，連貫前後空間，陽台加上南方松棧板，製造室內與室外一體感。

Point 4 ▶ 中島結合電視牆，變成客餐機能核心，也避免見灶風水問題。

　　屋主為一位年輕的都會女性，偏愛簡潔寧靜的空間風格，同時也重視東方的堪輿學術。原空間因為過多隔間顯得狹小，也缺乏出入進退的玄關緩衝，在思考如何將空間尺度達最大化，設計師詹勳明決定取消所有牆面，用架高10公分的煙燻橡木地板做虛化隔間，將平面分割1/2主臥、1/2公共空間，讓廚房、客廳、主臥沿著採光面佈局，利用中島吧台與扶桑花屏風半擋半隔，使空間達到視覺通透，並享有不錯的暖陽。

　　此外，木地板沿著窗邊延伸至廚房，成為連貫前後空間的窗邊平台，與鋪上柚木的陽台製造室內與室外一體感，有助空間打開放大；同時也降低門檻高度，讓屋主飼養三隻體型嬌小的愛犬能輕鬆從Pet Doors自由進出陽台活動。

　　在收納上，為滿足屋主衣物收納與寬敞浴室等條件，設計師於客變前即參與設計，藉機退回用不到的客廁，增加一可擴充收納的外衣櫃，以暗門隱藏在玄關角落，而省下不少施工成本。針對屋主在意的風水，設計師利用鞋櫃與衣櫃背面美化的假牆，圍塑出完整玄關，使進門動線輕巧轉向，化解大門正對落地窗的穿堂漏財之相。開放廚房的中島吧台則結合電視牆，可遮擋視線、避免直接見灶問題，而陽台重要的財位則增加水景，為落成新居添加好運滾滾來的吉兆。

一座雙面櫃
消除穿堂疑慮

收納　風水

為滿足擁有龐大衣量的屋主在收納及歸類的需求，將原大門旁的客廁於客變階段取消泥作與設備，改為外更衣室，用來收納換季衣物；並在主臥更衣室旁設置大型儲藏櫃，以滿足機能。將更衣室與儲藏櫃的背、側面美化處理，與廚房雙面書櫃／鞋櫃，引申為玄關內外界定的介質，使廳區避開入門直視的眼光。

是櫃也是牆，圍塑完整玄關
將衣櫃美化為假牆，區隔出玄關，架高地板的區域暗示主臥空間，進入主臥的走道旁是大型的儲藏櫃。

鞋櫃結合書櫃，餐桌變書桌
用鞋櫃切出玄關空間，背面並結合書櫃做雙面使用，使一座吧台兼有餐桌與書桌角色。

<table>
<tr><td>Point
2</td><td>扶桑花牆
隱喻女性特質</td><td>風水　採光</td></tr>
</table>

原空間被兩道實牆分割成三個小房間，客變階段打開空間後，採虛化隔間做法，將臥房地板刻意拉高，用以區分私空間與公空間。客廳區域以「扶桑花」造型牆為主題，寓意著外表熱情主動、內心細膩具有力量的女性特質。扶桑花牆成為客廳與主臥之間的介面表情，提供沙發依靠的唯美背景。此外，花牆上方天花板預留窗簾盒，在親友拜訪時可放下拉簾，保有隱私。

窗邊平台，打造狗兒專屬通道
木地板延伸成為窗邊平台，替狗兒們預留活動動線，讓牠們可以無礙地穿梭在陽台內外。

扶桑花牆透露女性花樣特質
沙發背牆以11片4×8夾板切割、疊合膠著而成，盛開的扶桑花造型具有穩定的厚度，同時兼具穿透效果。

<table>
<tr><td>Point
4</td><td>輕透玻璃
改善浴室暗房條件</td><td>放鬆氛圍
風水　採光</td></tr>
</table>

衛浴空間沒有對外採光，因此改用噴砂強化玻璃，藉此引入間接光源；此外也引用扶桑花做為噴砂圖騰的表現，呼應整體主題，鋪面則以黑板岩做為沉穩的意象媒材，並採乾溼分離的設計，滿足女主人希冀的空間機能。室外露臺區也利用水以及植栽營造出綠意生態，有著風生水起的隱喻，更結合環境景況，引入室內當中。

Point 3

電視牆複合中島 打造靈活雙動線

動線　坪效

原本L型廚具改為一字型，利用樑下畸零空間設置，有修飾結構效果，並使用隱藏式油煙機，將設備冷硬的線條隱藏起來。客廳電視主牆以半高、雙動線的方式規劃，更結合中島、流理檯的機能設計，整合廚房電器與收納。吧台配合書櫃，除了兼備餐桌的功能外，也成為女主人的閱讀區域。

運用樑下畸零，設計高機能廚房

將樑下畸零空間全化為廚櫃，滿足大量收納需求，也將各種電器整合美化。

電視櫃結合中島，避掉見灶問題

半高電視櫃結合中島，一來可避免見灶問題，二來又能防止流理檯潑水。

玻璃取代牆，輕化空間重量

浴室加大，使用噴砂玻璃隔間，輕化空間量體，馬桶與管道間的畸零壁凹，修飾成為衛生紙的置放處。

財位結合造景 打造開運好風水

一般認為門的左前方為財位，適合放水族箱以添好運，因此將陽台財位以水磨石（磨石子盆）設計水景。

■ 文字／李佳芳　空間設計＆圖片提供／明代設計 詹勳明 TEL:02-2578-8730、03-426-2563　180 / 181

移動牆 & 空間串聯
推演兩人到四人的空間變化

坪數	**28坪**
屋況	**中古屋**
居住成員	**夫妻+將出生一子**
建築形式	**老公寓**
格局	**三房兩廳＋一廚＋兩廁＋一陽台** ▶ **一房兩廳＋半透書房＋開放客房＋兩廁＋兩陽台**

◉ Reform Point

採光不錯，卻顯陰暗。

廚房陰暗，正對臥室。

客廳受限，施展不開。

after 靈活界定，
完成Open Space。

玻璃通透，
串聯採光。

可動TV牆，
解放客廳。

設計師格局思考筆記

尋覓了兩年多，建築師利培安終於找到家的落腳處，他在市區邊陲的山上買下大樓社區型的房子，非常滿意這裡被前後山景包圍的感覺。因此，著手設計之初，他便以「前後窗景可以互串」的想法出發，企圖在空間裡彰顯環境特色。這個平面的最大挑戰在於，房子形狀呈凹字型，加上玄關與廁所的先天條件限制，臥房大致位置基本上已經固定，難有太大變化。除此之外，雖然目前居住人口只有夫妻兩人，但未來預計生兩個小寶貝，空間計畫必須納入短期到長期不同階段思考，人口數從兩人到四人，必須賦予空間可靈活調度的高度彈性才行。

✓ **屋主需求清單**

↘ 前後風景可以串聯。
↘ 暫時只需要主臥，但打算想生兩個孩子，需要為未來設想。
↘ 喜歡招待朋友，需要可以容納多人的公共空間。

Step 1
第一次格局思考

設計師思考

❶ 格局變動較少，取消一房，讓空間可以前後相連。
❷ 廚房與餐廳合一，吧台兼餐桌使用。
❸ 小孩房使用折門隔間，可完全打開，讓孩子能自由奔跑玩耍。

屋主回應

Ⓐ 電視牆的感覺很呆板。
Ⓑ 有很大的更衣室，感覺很不錯。
Ⓒ 平時好客，餐廳難容十幾個人一起使用。

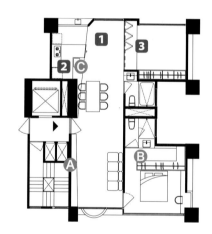

Step 2
第二次格局思考

設計師思考

❶ 主臥入口改向，讓客廳靠邊，讓出寬敞的餐廳。
❷ 小孩房加大，連結開放和室，可以多功能運用。
❸ 把餐廳拉出來，廚房打開，變成一個開放餐廚。

屋主回應

Ⓐ 廚房空間還是很壓縮。
Ⓑ 洗衣曬衣空間也希望更大。
Ⓒ 客人如果要簡單洗個手還要穿越空間到廚房，較不方便。

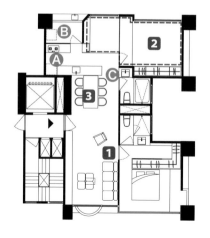

Start

before

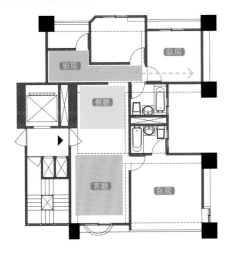

NG1 ▶ 採光被牆擋住，餐廳感覺很陰暗。

NG2 ▶ 廚房塞在角落，必須穿過長長的小巷子才能進入，不但狹小又陰暗，與空間互動性也很差。

改造
重點

NG3 ▶ 房門正對廚房，油煙廢氣直接流入房內，嚴重影響居住成員健康，風水上也認為不妥。

NG4 ▶ 客廳空間的寬度受限於玄關位置，難以再擴大範圍。

Step 3
第三次格局思考

設計師
思考

1 用架高的和室並銜接電視櫃，整合出一個寬敞的客廳，幼童暫不需獨立房間，將來再將和室變更成房間即可。
2 客廳與餐廳用電視牆區隔，客廁洗手檯拉出來，客人人數較多也方便使用。
3 主臥用玻璃書架區隔，並設有書房／禱告間。
4 陽台些許外推，加大廚房。

屋主
回應

A 空間太瑣碎。
B 廚房關在小角落，採光沒那麼好。
C 希望工作陽台能舒適便利。

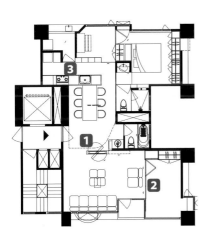

設計師
思考

Final

after

1 電視牆改為活動式，讓客廳與餐廳可以更通透。
2 和室取消架高，用玻璃靈活隔間，整體更寬敞。
3 廚房改為一字型，讓陽台加大，有寬敞工作空間。

運用手法 1.2.3，接續下頁 ▶

運用手法1.2.3

after

Point 1 ▶ 客臥房靈活界定，完成 Open Space。

Point 2 ▶ 外牆界面穿插玻璃，內退新增陽台，加強前後空間的景觀連續性。

Point 3 ▶ 客餐廳以活動電視牆區隔，維持最大開放度。

Point 4 ▶ 主臥使用薄型鐵牆重隔，爭取使用面積，動線與書房串聯做彈性使用。

Point 5 ▶ 廚房以島型吧台區隔，書房使用玻璃書架隔間，前後採光可以串連。

　　著手自家改造，利培安在這個28坪空間進行大膽實驗，利用帶狀窗、玻璃牆與內退陽台，大幅度將空間向外開放，同時改正原本感覺陰暗的缺點；並借著可活動的介面、空間互串、特殊材料，打破原本三房鼎立的呆板格局，讓空間隨生活時間軸推移，每個階段都能順應需求重新被定義。

　　公共空間／客房是以孩子的遊戲廣場來思考，利用條紋玻璃摺（滑）門靈活區隔，讓尺度可伸可縮。通過將外牆轉換，打造出像蛇一樣彎曲的帶狀玻璃長窗，延長的採光介面中，並包含了一個內退新增的陽台，成為專屬的觀景台。於窗邊特別訂製的3米4臥榻沙發可以容納多人同坐，也便於孩子攀爬嬉戲。此外，客廳壁面鋪上環保材亞麻仁油膠墊，可動的金屬書架若全數拆卸，牆就變成了塗鴉畫板。

　　由於喜歡朋友、家人在空間裡的聊天互動，勝過於大家一起圍著電視看。客餐廳中間特別設計的活動電視牆，可以大幅度地拉進拉出，平時兩個場域不分，舉凡遊戲、交誼、閱讀……都可在互跨使用。

　　此外，主臥、書房、客房以「可循環使用」的概念設計。串聯在一起的書房與主臥，當第一個孩子出生後，書房可當成嬰兒房，以便夜間照料。當孩子長大後，就可搬離嬰兒房、住進客房，書房則可回復功能。倘若第二個孩子出生，書房則再次回到嬰兒房角色。最終階段則是改變主臥與書房關係，讓書房也成為獨立的房間。

<table>
<tr><td>Point
1</td><td>內退陽台
打造蛇行帶狀窗</td><td>採光　輕鬆氛圍</td></tr>
</table>

原本前陽台建設公司已經二次施工推出，但因為喜愛走出戶外的感覺，設計師利用內退手法，新增一個觀景小陽台。將主臥移到後面房間，前半部得以形成寬敞的公共空間，使用頻率較低的客房以摺門靈活界定，平時可以併入公共空間。為避免結構變化打斷空間延續性，梧桐木實木天花板以不規矩曲面隱藏客廳中央的大樑。

用活隔間隱藏客房

客房半透明條紋玻璃隔間是以兩片摺門＋一片滑門組成，平時可收在陽台邊，或化為書櫃的門片隱藏起來。

外牆局部替換玻璃介面

外牆部分，原本窗戶的位置不動，只是局部外牆以玻璃替代，加上一個內退的小陽台，形成曲折帶狀長窗。

Point 2	層層通透 前後風景在空間交會	採光 收納 通風

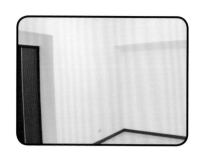

房子的前面是山、後背也面山，為了讓前後採光與風景可以互串，意味著必須解決從書房、廚房到客廳等三個空間的介面問題。首先，原本封閉的廚房使用島型廚具與矮吧台來界定，而書房磚牆也以玻璃書櫃取而代之，維持視覺穿透性。在客廳與餐廳間的電視牆設計可左右橫移，不看電視時就收起，改為欣賞風景。整體空間刻意配以深色調，營造穩重氛圍來平衡採光。

不擋路的移動電視牆

電視牆借用下降的大樑施工，利用高拉力彈簧佈線，讓電視牆不受電線的限制，可大幅度左右移動，並使用洞洞板減輕鐵件重量。電視也可旋轉，供餐廳、客廳雙向使用。

可透視的玻璃書架

配合開放式廚房，書房利用書櫃隔間，櫃背使用透明玻璃，讓光線可以透過書本縫隙進入內部。

Point 4	壁面材料實驗 增添樂趣	特殊機能 通風

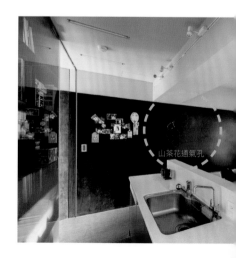

山茶花通氣孔

由於家庭人口單純，不擔心聲音干擾問題，為了爭取使用面積，將牆面極致薄型化，主臥使用僅1公分厚的黑鐵牆界定，點狀鏤空的山茶花圖騰，美型之餘還可引光通氣，壁面也兼具MEMO功能，可用磁鐵吸上旅遊相片或便條紙記事，運用牆面材料添增使用樂趣。餐廳天花板預留縫隙，裸露的T5燈管排列成十字，讓照明隱喻著信仰中心的意涵。

串聯空間
更能彈性運用

動線　收納　特殊機能

原本書房與主臥是兩個單獨沒有互動的房間，特意將動線改為書房先進，再轉而進到主臥，使兩空間可以互串，並可做彈性使用；當孩子出生，書房玻璃門關起來就成了安心育兒的空間，晚上就寢時，爸爸或媽媽可就近照料幼兒，同時可避免干擾另一人休息。除此之外，書房與主臥以床頭櫃取代牆體，設計師並賦予櫃體三向不同機能，可做衣櫃、儲物，並可支援主浴功能。

床頭櫃三向運用

床頭櫃的背面是書房的儲藏櫃／衣櫃；正面是較淺的收納櫃，以及具有夜燈功能的床頭櫃，內凹的小平台可隨手放睡前讀物；側面則是主浴獨立出來的洗臉槽。

浴室開窗

浴室開窗，引景引光

主浴在淋浴視線高度開了一口小窗，洗澡的同時可以透過玻璃看見屋外的綠意，兼具採光、穿透效果，也增添洗澡時的樂趣。

拆卸書架，增添多變

客廳壁面鋪上環保材亞麻仁油膠墊，使用活動螺桿構成的書架可自由變化，也可以全數拆下，變成未來孩子的塗鴉牆。

山茶花暗藏透氣機能

點狀山茶花是客廁的通氣孔，可避免空間悶著，當有光線透過山茶花，也是使用中的暗示。

■ 文字／李佳芳　空間設計＆圖片提供／力口建築 利培安　TEL:02-2705-9983

自由平面
減隔間、增親密的
老家新生術

坪數	**25.5坪**
屋況	**老屋**
居住成員	**夫妻+將出生一子**
建築形式	**老公寓**
格局	**三房兩廳兩衛** ▶ **一房+一衛+開放客、餐、廚、書房**

👁 Reform Point

before	客餐廳遠距，互動差。	廚浴狹窄，待加強。	隔間不良，多暗房。

after

自由平面，
匯集機能

移動書架，
活隔間。

浴室雙門，
主客合一。

設計師格局思考筆記

這個房子是屋主與手足自小生長的老家，面寬狹窄、前後採光的長型格局，顯然是典型的台灣傳統街屋。

隔間方式呈現走廊在中間、房間在兩邊的狀況，不僅必須穿過走廊才能到達餐廳，還造成一邊的房間有採光，另一邊的房間則是沒有對外窗的暗房。在此案中，設計師洪博東的兩階段平面圖截然不同，當完成改正缺點的格局後，他進一步提出「自由平面」的大膽假設，讓一個較大的公共空間完成所有房間機能，不特別區隔或定義，用宛如大熔爐般的配置法，激發屋主夫妻對未來生活的新想像。

屋主需求清單

↘ 女主人喜歡烹飪，希望廚房跟餐廳是家的重心。

↘ 客廳不擺電視，需要有儲藏室。

↘ 未來打算生小寶寶，空間必須能因應孩子成長調整可能，要有兩間臥房。

Step 1
第一次格局思考

設計師思考

① 復原前陽台，使出入有緩衝空間，不會直接進到客餐廳內，也讓屋主有種花種草的角落。

② 將廚房移到空間前半部與客餐廳結合。

③ 有窗的空間讓給房間，沒有窗的空間則變成儲藏室。

④ 用拉門讓次臥可以開放，兼有書房與客房功能，未來則可做為小孩房。

屋主回應

Ⓐ 工作陽台必須從廁所進出。

Ⓑ 兩間廁所似乎無可避免，一間必然沒有對外窗。

Start
before

改造
重點

NG1 ▶ 從客廳到餐廳要穿過長長走道，公共空間的互動性差，客人使用廁所必須穿過房間，隱私性也不好。

NG2 ▶ 房間位在走道兩邊，兩個房間沒有對外窗。

NG3 ▶ 廚房塞在空間最角落，只能面壁工作，互動性很差。

設計師
思考

Step 2
第二次格局思考

1 思考類似第一次格局思考，差別在於把大門內退，將玄關設在門的外面，落塵區與室內分離，前陽台整體氣氛更好。

2 儲藏間以 L 型櫃取代，廚房空間變大並調整配置，出入方式更方便，與餐桌更接近。

3 洗澡功能主要集中在主浴，客廁主要功能為上廁所，降低暗房又濕室的缺點。

屋主
回應

A 工作陽台希望能大一點。

設計師
思考

Final
after

1 只留下一個主臥空間，其他空間打開，把廚房、書房、玄關需要的機能都靠牆放，使公共空間變成一個自由開放的平面。

2 將儲藏室設計在平面的凹槽，並將電視收納起來，讓客廳沒有電視牆，空間沒有固定的方向性更自由。

3 用一座可移動的大書架來靈活區隔空間。

運用手法 1.2.3，接續下頁 ▶

運用手法1.2.3

after

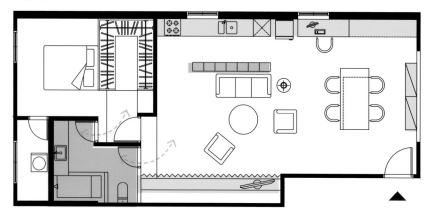

完成
重點

Point 1 ▶ 廚房、客廳、書房、餐廳、儲藏機能在一個自由平面裡完成。

Point 2 ▶ 用一座可移動的大書架來靈活分割空間。

Point 3 ▶ 兩間小廁所合併成一間大浴室,做雙門雙向使用。

　　屋主委託改造這間25坪大的老公寓時,年紀大約在29歲上下,因為才剛新婚,打算重新裝修做為新房。他們的短期需求是符合兩人居住,長期需求則是必須預留未來孩子的成長空間。

　　平面從原始的3房2廳變成「1房1廳1衛1陽台」,在這「減」的手法裡,洪博東唯一保留的獨立空間只有6坪大主臥(含更衣室),而男女主人需要的書房、廚房、餐廳、客廳、儲藏室,甚至未來的小孩房,都在16.5坪的自由平面裡完成。

　　這16.5坪中,洪博東將機能往兩側牆面擺,讓空間便成完整的長方形。由於房子位在傳統街屋三樓的邊間,多了側向採光的小窗,於是在有窗的這一面上,安置了女主人理想的開放廚房與男主人工作用的明亮書桌。

　　喜歡烹飪的女主人認為,廚房才是家的重心;而夫妻兩人平時的休閒也以閱讀為主,鮮少看電視,甚至覺得不需要電視牆也沒關係。所以,在結構內凹處,設計師用開放層板完成了一間儲藏室,將電視機「收納」在裡頭,並且只用窗簾軟性隔間,當要看電視的時候才撥開。

　　因為沒有電視牆的限制,空間使用沒有固定的方向性,加以客廳/餐廳/廚房用滾輪書架來做活隔間,可以隨需求任意改變關係,譬如客廳跟餐廳隨時都可以對調,而餐廳也能變成獨立書房或嬰兒房。

Point 1　減房減壓　合併出親密場域

動線　收納　採光

這間老房子過去是屋主與父母兄弟一家人居住的地方，當初3個房間的配置將公共空間切割地零碎，也產生長而不便的動線。考慮孩子出生到需要獨立空間房，可能是好幾年以後的事情，屋主決定採納設計師的建議，將預算與坪數集中用在公共空間。透過「減房」，只留下主臥，其餘機能全納入公共空間，且鋪面皆使用德國硬化技術的水泥地板，塑造出連續不中斷的Open Space，同時也改善了採光。

打破疆界，平面開放
廚房、客廳、餐廳、玄關沒有特別實體隔間，廚房僅用視線可穿透夾板書架屏擋，書架下附有滾輪可移動。而大餐桌也兼當書桌使用。

機能靠牆放大公共區
將廚房與玄關需要的爐具、電器櫃、鞋櫃等機能靠牆擺放，使中央活動區域越寬敞越好。

一座電視牆雖然氣派美觀，但也限制了客廳的方向，由於屋主夫妻接受客廳可沒有電視牆，索性將電視藏在儲藏室內，讓沙發家具的配置可以面向廚房、或餐廳使用。此外，客廳與廚房用滾輪書櫃活動界定，可以依照需求自由分配空間。舉例來說，當書櫃靠牆、餐廳與客廳對調，便成多人聚餐的開放餐廚；當需要專心工作，書櫃可隔開客餐廳，將餐廳變成書房。

軟性隔間更有溫度

整片布簾拉起來的地方就是儲藏室，使用軟性物質來隔間可以讓空間更有溫度，而且只要往旁邊撥就能簡單取物。

用書櫃圍出嬰兒房

萬一將來有嬰兒房需求，可將餐廳與客廳做結合，用書櫃做為暫時隔間，將原本的餐廳變成育兒房，等到確定須要獨立的房間後再用輕隔間處理。

一般牆壁上醜陋的電箱、對講機等，雖然可以透過假牆或移機方式處理，因為房子的屋齡已經三十多年，考量房子本身的特色，以及裝修預算有限，屋主希望可以盡量避免過度裝修。在設計師的巧思下，利用絕緣膠帶在牆面上作畫，把突兀的生活設備融入塗鴉當中，變成會心一笑的壁面風景。

浴室合併加大
用雙門做雙向使用

`動線` `通風`

原格局有兩間廁所（主浴+客廁），但都很小，由於空間平時只有兩夫妻使用，與其將預算放在鮮少使用的第二套衛浴，不如將兩間小廁所合併成一間寬敞、機能完整的四件式衛浴，只要設定有兩個出入口，一從主臥進入、一從客廳進入，就可以兼當客廁功能。

可通氣採光的牆頂木片窗

浴室位置沒有直接對外窗，因此泥作刻意不做到頂，上方設計可活動的木片窗，可隨著需要調整開口的大小，讓通風採光多一點或少一點。

雙出入口讓主浴兼客廁

兩間小廁所合併，打造一間機能完整的衛浴，並設兩個出入口做雙向使用。

便宜膠帶變身設計感壁貼

時鐘、電箱（倒吊小人拿的畫作）與對講機融入在壁面塗鴉，這塗鴉全靠便宜的絕緣膠帶貼成！

特殊塗料應用

塗料運用也是提升牆面機能的手法，玄關入口處的牆面塗上黑板漆，可以寫些東西或留言，將來也是孩子的塗鴉牆。

■ 文字/ 李佳芳　空間設計&圖片提供/ 非關設計 洪博東　TEL:02-2750-0025　196 /197

修正角度
將幸福生活要素化零為整

坪數	**43坪**
屋況	**老屋**
居住成員	**父母、一子**
建築形式	**大樓**
格局	**兩房兩廳** ▶ **兩房兩廳+書房兼客房+玄關+儲物間**

 ◉ **Reform Point**

before	屋型不方正，斜角多、樑柱也多。	為了讓隔間方正，犧牲了採光。	公共空間斷裂，互動性差。

after　隔間垂直斜面，　　開放式設計，保留　　客廳用地坪分區，維
　　　　修正空間角度。　　　長向開窗完整性。　　繫公共空間整體感。

設計師格局思考筆記

這是一戶屋齡約30年的大樓住宅，格局呈現不規則的五邊形，結構也相當複雜，數一數房子內有超過9～10支粗大的樑柱，加上房子樓挑高只有265公分（不含樑柱的高度），一走進即給人沉重陰暗的壓迫感。原空間過去因做辦公使用，格局相當不合理，玄關正對開窗有穿堂疑慮，客餐廳因牆而斷裂成兩截，缺乏良好互動，同時形成採光與動線的阻礙。各空間的機能匱乏，有待擬定收納計劃。種種須改善的問題加乘，加上屋主希望能在有限樓高中，展現挑高感的LOFT風格，讓設計任務更是難上加難。

屋主需求清單

↳ 浴室要變好用，還要有採光。
↳ 喜歡開闊的LOFT感風格。
↳ 隱藏柱子，把多邊角空間變方正。

Step 1
第一次格局思考

設計師思考

1 就樑柱借力使力進行房間界定，將房間出口與柱子變成「圓點」，圍繞出有趣味性的 Family Core。

2 打造兩間都有對外窗的 1.5 套衛浴，有專屬客廁，並將角落畸零帶變成全家共用的大浴室。

3 用一條長廊連接所有公共空間，平常用餐可透過窗戶看見城市，營造空間互動與挑戰放大尺度。

屋主回應

Ⓐ 概念很有趣但太大膽，而且房間還是方正的好。

Ⓑ 1.5 套衛浴是能滿足需求，但比較希望是兩間都可洗澡的浴室。

Ⓒ 客餐廳不用玻璃門隔間也可以。

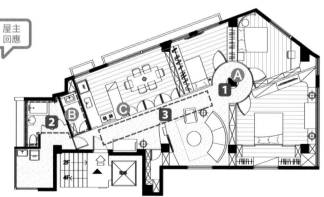

Start

before

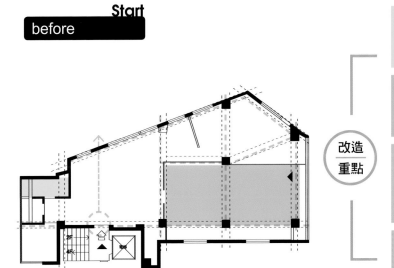

改造重點

NG1 ▶ 平面橫軸很長,浴廁管線集中在一邊,動線距離相當長,採光很差。

NG2 ▶ 屋型不方正,不僅斜角多,樑柱也多,樑下只有 2.2 米感覺很壓迫。

NG3 ▶ 前一手隔間為了讓空間方正好用,犧牲了採光,公共空間斷成兩截,房間都是暗房

NG4 ▶ 玄關正對窗戶,外有高架橋,風水上認為對財氣產生極大的作用,對住戶身心健康及財運官運不利。

Step 2
第二次格局思考

設計師思考

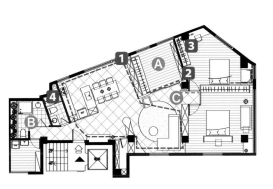

1 取消玻璃門與架高地板,客餐廳零隔間融為一體。
2 書房採用玻璃拉門維持視覺穿透,與客廳連成一體,取代 Family Core。
3 隔間垂直於斜面,使房間變得方正。
4 走廊深入通往兩間浴室,客廁增加淋浴功能。

A 整體中規中矩,感覺少了趣味性。
B 希望加強浴室的機能性。
C 突出角度不太好,希望能整平。

屋主回應

Final

after

設計師思考

1 多了走道空間,修飾突出角度。
2 調整浴缸位置,可放入較大的單人浴缸,洗手檯也加大了。
3 運用木地板暗示空間轉換,讓客廳與書房為一體。

運用手法 1.2.3,接續下頁 ▶

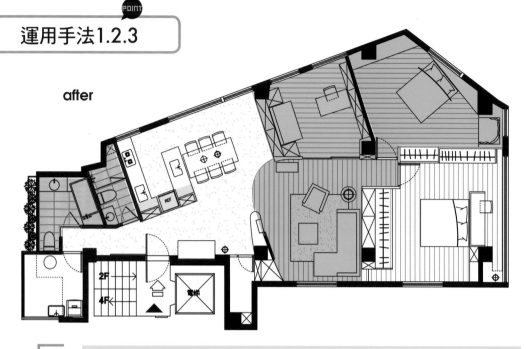

after

2F
4F
電梯

完成
重點

Point 1 ▶ 廚具斜向配置，塑造喇叭狀走道，讓玄關有向內放大的效果。

Point 2 ▶ 借用地板材質變化使公共區域有所分界，並將書（客）房與客廳連成一體。

Point 3 ▶ 以斜向擺放的床配合造型天花，與床頭櫃／臥榻修正角度。

Point 4 ▶ 在大肆挪動廁所位置的情況下，調整出兩套有採光的浴室。

　　面對如此高挑戰的平面，設計師許宏彰認為著手設計之前的「測光」極為重要。他說，「空間不只是要依照屋主的需求、職業、年齡安排，每扇窗皆有不同測光模式，可分為明亮、舒適、待加強三類，配置應該跟著光的暗示，將採光最佳處留給屋主心目中最重要的空間。」

　　經現場實測發現，房子的採光條件很好，只是光進入的動線被隔間給限制了；但以房子位在低樓層的條件來看，最長向的開窗緊臨新生北路高架橋，車流大、聲音吵、積塵也多，因此設計之初便建議將全熱交換器列為基本需求，使不開窗亦能達到通氣循環效果。斟酌預算分配比例，設計師在廚房與浴室位置不動的條件下進行配置洗牌，主（次）臥、浴室、書房以垂直斜牆的手法隔間，適度分配採光，藉此修正空間角度。

　　從一開始委案溝通，即發現屋主相當重視家人相處，認為圍繞餐桌發生的飲食活動是一天重要的時光。因而，設計師特別將餐廚配置於長向開窗面，讓中島與餐桌的垂直關係，使料理者與用餐者可以城市為背景展開美妙的互動，並透過不中斷的窗帶來放大公共區尺度。另一方面，由鞋櫃／冰箱櫃劃出的玄關區，形成由窄而寬的喇叭型走道，將豁然地展開空間的序曲。

玄關合併走道
由窄而寬導引視覺開展　收納　風水　採光

一進入房子，玄關立即能看見窗外巨大的高架橋，明顯感覺噪音與壓迫感。重新泥作的浴室，隔間牆垂直於外牆，將廚房修正為長方形，而隱藏廚房冰箱的電器櫃背面結合玄關鞋櫃，使用非洲鐵木門片與穿衣鏡功能的灰鏡，隱藏機能性，形塑一道風格假牆；並與水泥粉光地板、清水模質感的電視牆、暗紅色牆面，營造出符合屋主期待的Loft風格。

將不規則形狀放在走道
修正格局必須有所取捨，因玄關屬短暫停留區域，走道不方正的接納度較高，同時因向內開展緣故，可放入一張舒適的穿鞋椅。

玄關與廚房緊密連結
由於玄關與廚房的連結性強，入門不直接進到客廳，可先將東西擱在餐桌上、喝點東西休息。

Point 2	地坪變化 暗示開放空間讓渡	互動 採光

將原本暗房打開成為客廳，客廳、餐廳、廚房、書房不用具體隔間，而是以機能概念去做分割，使休憩、工作、娛樂等活動可以互相依賴，增加家人相處時間。從餐廳到客廳的地板鋪面由水泥粉光轉換到煙燻橡木地板，以暗示區域變化；相鄰的書房採半通透的格柵拉門，平時可維繫公共活動區的完整性，並攬入大量自然光，使內側客廳保持舒適明亮度。

書房結合客廳一體使用

書房使用格柵玻璃門做採光隔間，搭配窗簾使用，可兼當客房使用。

使用弧線柔化材料交界

藉由電視牆修飾空間中央的柱子，其弧線並延伸到木地板，柔化材料交界邊緣，避免一分為二的突兀感；而與主臥交界的沙發背牆刻意脫縫處理，加上玻璃材料，讓光線可以穿透互補。

Point 4	重新泥作 完成明亮好用的浴室	採光 收納

兩間衛浴都十分狹小，因牆面畸零更顯空間感破碎。將原本橫向隔間牆改為直向，並加大可使用的空間，使原本1.5套衛浴擴充成兩間皆有採光、可淋浴或泡澡的完整浴室。

用透光門片照亮走道

玄關位在內側擔心採光不足，走廊末端兩間浴室的門片，整片或局部使用可透光的玻璃材質。

<table>
<tr><td>Point
3</td><td>運用櫃體隱藏樑柱
並修正空間角度</td><td>收納　採光</td></tr>
</table>

主、次臥的空間除了格局不方正外，還有不少樑柱結構問題。主臥角落突兀的柱子，使用鏡面結合床頭板、書櫃修飾，並將背面區域設計成梳妝檯。次臥所在的空間更是畸零，樑柱結構複雜，且五面牆相接的角度皆不相同，除了利用床頭櫃與臥榻修正角度外，並以三角形天花板隱藏大樑，盡可能取得舒適高度。

半高床頭板隔出更衣室

主臥雖沒有衣帽間，但利用半高床頭板隔出梳化更衣室，同樣可保有採光優勢。

泥作+鏡櫃化解凹凸狹角

浴室牆面交接的狹角利用泥作，將其化解為擺放皂盤或洗手乳的平台，而凹凸牆面則利用鏡櫃、洗手檯加以修飾。

無用畸零空間為收納加分

將畸零空間妥善設計為床頭櫃、書櫃、臥榻，增加收納空間，也為孩子打造出寬敞的遊戲區。

移動隔間
把家化為孩子嬉戲的大操場

坪數	**67坪**
屋況	**中古屋**
居住成員	**父母+3男孩**
建築形式	**大樓頂樓**
格局	**兩戶平面 ▶ 一戶**

 Reform Point

before	兩戶平面須合併。	陽台局部外推，屋形不方正。	機能重複必須重新分配。

after 雙軸線概念，
串連公共空間。
   運用滑門，自由選
擇獨立與開放。
   可旋轉的家具設計，
讓空間角色互換。

設計師格局思考筆記

這是一戶正對公園的大樓12樓，業主夫妻皆為教育家、育有三個活潑的男孩。他們原本住在雙拼戶的其中之一，機緣巧合買下隔壁戶後，打算將兩戶合併成一戶，重新打造出適合孩子成長的生活環境。從平面圖上可清楚看見，中間一道牆將平面切割成左右兩半，從電梯間進入，兩平面各自有玄關、客廳、餐廳、廚房、衛浴、房間，有不少機能重覆，格局分割也相當碎化。此外，兩房子的平面狀況也不盡相同，其中一戶的陽台已被外推，另一戶則沒有，但現行法規已不允許外推使用，因此必須按照現有屋況條件進行思考。

 屋主需求清單
 ↘ 養成三個孩子愛閱讀、動手做的習慣，家要像圖書館或工坊一樣。
 ↘ 公共空間要寬敞，可讓孩子自由奔跑。
 ↘ 未來可能會接待國外留學生。

Step 1
第一次格局思考

設計師思考
❶ 除了主臥、浴室之外，所有的空間都開放為一體。家的核心為圖書館，沒有正式客廳與電視；廚房與餐廳位在景色最好的弧窗，餐桌取吧台概念，可欣賞公園景色。
❷ 三個小孩房可打開與公共空間融為一體，讓孩子平常不窩在房間，都在公共空間活動。
❸ 孩子共用一間大澡堂，並將後陽台設計為戲水區，孩子可在這裡玩園藝。

屋主回應
Ⓐ 廚房是否可以有隔間，避免油煙散逸。
Ⓑ 父母可以有獨立安靜的工作空間。
Ⓒ 孩子的臥房仍各自獨立，希望可以更加融合。
Ⓓ 長輩覺得有開門見灶的風水疑慮。

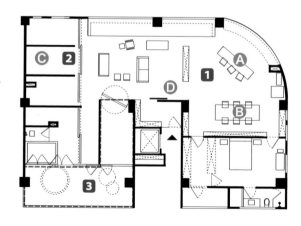

Start

before

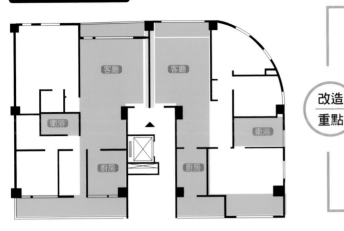

改造
重點

NG1 ▶ 隔間牆將平面切割
為兩戶。

NG2 ▶ 部分陽台外推、部
分則沒有外推，必須按照現
有屋況進行設計。

NG3 ▶ 客廳、廚房、廁所
等機能重複。

設計師
思考

Step 2
第二次格局思考

❶ 用屏風區隔客餐廳，廚房區增加玻璃牆，可以擋油煙。
❷ 父母書房與孩子書房連在一起，但必要時可用活動隔
間牆區分。
❸ 戲水功能合併在浴室的大浴缸，增加一間木工房。
❹ 三間小孩房使用活動門片隔間，可各自獨立也可合併
為一大室。

屋主
回應

Ⓐ 長輩希望可以改變廚房位置。
Ⓑ 玄關處希望能增加魚缸，招財兼擋煞。
Ⓒ 希望沒有外推的陽台也能欣賞到戶外風景。

設計師
思考

Final
after

❶ 把廚房移到開放空間內側，並用萬向軌道拉門做隔間；
主臥房因廚房佔去深度，改變配置，由更衣室進出。
❷ 餐桌合併書桌放在弧形窗戶位置，並運用沙發斜線分
割與餐桌擺放方向，暗示空間軸線轉折。
❸ 玄關牆面鑲入魚缸，視線可前後貫穿。
❹ 用水瀑將女兒牆化為室內風景，藉由映射天空倒影製
造窗景連貫感。

運用手法 1.2.3，接續下頁 ▶

Point 1 ▶ 將小孩房、客廳、臥榻、餐桌區連貫成一片大操場,可讓好動的孩子自在奔跑。

Point 2 ▶ 將工作桌與書桌並排成大長桌,局部桌面可升起,並旋轉90度指向廚房,成為用餐區。

Point 3 ▶ 用十片滑門和萬向軌道,讓三個房間變兩房或一房,彈性變動。

Point 4 ▶ 將重複的廚房設計成大澡堂,澡堂使用旋轉門區隔,孩子可直接將腳踏車牽過澡堂到後陽台。

after

受理委託時,業主表明可接受大幅度調動來量身訂製空間,希望讓三個孩子可以一起生活、一起遊戲、一起閱讀。由於房子位在頂樓,沒有結構承重問題,設計師劉冠宏將平面還原為一張白紙,從建築角度出發,依照氣候特性分別定位不同屬性的空間,將高用水的潮濕場所(浴室、晾衣陽台)放在陽光最充足的南向,藉由這些空間形成隔熱層,保持日常活動區域的舒適度。

當決定了這些機能空間的位置後,剩下的客廳、餐廳與房間的配置,便取決屋主所要表達的生活態度:希望家庭成員各有獨立的起居領域?或是平時希望能聚集在公共空間一起活動?屋主選擇了後者,因此決定了整個空間的大致配置,最重視的餐廳/書房就放在整個空間最棒的位置。

從「兩個軸線」概念出發,劉冠宏將連貫小孩房、客廳、餐廳的橫軸線,運用弧形窗、臥榻、長書(餐)桌暗示轉折,將動線牽引到大廚房,打造出綿延一體的生活大操場。此外,設計師運用十個活動門片,將三間小孩房打造成活動大通舖,並且設計了一間大澡堂、木工房,使他們可以過著學校般的團體生活,並有許多空間可以經營興趣、玩手作與園藝,這樣自由自在的空間也便於未來接待國外交換學生,讓來自不同國家的孩子們可以一起成長。

Point 1

用旋轉電視牆
將兩個平面合為一體

動線　放鬆氛圍　互動

被牆壁一分為兩個家庭的平面，重新融合為一個整體。劉冠宏將小孩房、客廳、臥榻、餐桌區連貫成一片大操場，直接以旋轉支架取代電視牆，取得無屏障的寬廣空間，從空間一端到另一端的橫軸達到最長，可讓好動的孩子自在奔跑。此外，可旋轉的電視牆能多角度運用，不僅從臥榻或餐桌都可觀影，同時也定位了客廳位置，屋主可以再選擇擺入一組沙發完成正式的客廳，也可選擇用錯落的單椅打造出孩子可靜可動的遊戲空間。

旋轉電視牆多方運用

可旋轉的電視牆能多方運用，其背面結合八個數位相框，取代傳統家庭相片牆。玄關鞋櫃結合魚缸，不僅賞心悅目、讓玄關視覺可以穿透，更添居家好運風水。

室內造景美化女兒牆

屋主希望能將窗景引進空間，但當初沒有外推陽台女兒牆過高，一進門沒辦法看到窗外景色。因此使用室內造景的方式，將醜陋的女兒牆化為水瀑，使沒辦法直接看到的風景，可以透過水景倒影藍天來呈現。

旋轉90度
書房與餐廳角色互換

特殊機能

以金屬骨架包實木皮打造長長的臥榻，並將直接將臥榻結構順著弧形牆面延伸成為書架，並運用臥榻軟墊的切割線暗示軸線轉折，將空間無接縫地連接在一起。除此之外，設計師將父母的工作桌與孩子的書桌並排成一座大長桌，一旦客人來訪有聚餐需求，桌子下方的千斤頂油壓支柱，可以將局部桌面升起並旋轉90度，加上吊燈也同步旋轉後，便能進一步將軸線指引到廚房，讓書房與廚房取得聯繫，化身為較正式的用餐區。

書桌旋轉90度連結廚房

平時屋主一家多在餐廳吧台區用餐，但當需要正式的用餐區時，可利用書桌與燈具旋轉，將書房化身為餐廳。

運用餐櫃門做為廚房活隔間

當客人拜訪時，可利用萬向軌道滑門將廚房變成獨立的熱炒區，而平時廚房維持開放時，滑門可收納成為餐櫃門片，設計師特別將餐櫃設計為一深一淺，讓門片收納能夠切齊立面。

打造孩子們
戲水的大澡堂

動線　採光　通風

將重複的廚房改成孩子共用的大澡堂。大澡堂內有共用的花灑區與巨大澡缸，並利用懸臂梳妝鏡以避免阻礙空氣流動與視線穿透。澡堂內，噴砂玻璃門後則隱藏三個空間，其中兩間有獨立的馬桶與小便斗，另一間則可通往洗衣房。洗衣房同時也是木工室，這個空間可讓孩子敲敲打打玩木頭，弄髒了衣服也不必穿過其他空間，直接在隔壁的浴室梳洗、順便把髒衣服丟進洗衣機洗乾淨，有助從小養成自己動手的好習慣。

鋪面一體延續

從客廳進入大澡堂，鋪面由水泥地板變成了有防滑效果的洗石子，並且立體延伸成為巨大的浴缸，然而又延伸到戶外陽台，從客廳、澡堂到陽台的鋪面材質具延續感，空間感因此不被打斷。

十片滑門
超自由分割

互動 收納

設計師用十張門片加上萬向軌道，使男孩房可以自由隔成三房、兩房或一大房，而房間最外面的門片使用具有磁性的黑板漆，讓孩子可以在一片大牆上隨意塗鴉或貼上獎狀等。此外，三個孩子共用一個巨大的衣櫃，設計師賦予衣櫃多重收納與功能，有拉抽、書櫃，也內建了插座。當房間大開放時，大衣櫃有如一座攀岩場，孩子可利用抽屜、格子爬上爬下；當需要分割成三個房間時，門片恰好對準櫃子的垂直分割，每一個孩子也能擁有屬於自己的收納櫃。

用滑門讓房間概念消失

十片白色滑門結合萬向軌道，平常可收起來，讓三個房間消失，與客廳整合為一體，讓孩子除了睡覺以外盡可能在房間外活動。

門片變身巨大塗鴉本

房間最外面的黑色門片使用具磁性的黑板漆，當門片全部集合時就變成一片大黑板。

可牽入腳踏車的雙旋轉門

澡堂使用兩旋轉門片區隔，加上陽台外也施做了防水層，因此孩子直接將腳踏車牽過澡堂，到後陽台洗車、種植栽、玩園藝等。

懸臂設計避免阻礙穿透

將浴室設在陽光充足的南向，梳妝鏡使用懸臂設計，可避免阻礙空氣流動與視線穿透，背後就是花灑淋浴區。

■ 文字 / 李佳芳　空間設計＆圖片提供 / 無有設計 劉冠宏　TEL:02-2756-6156　212 / 213

無牆超展開
預備無拘無束的
後熟齡生活

坪數	**40坪**
屋況	**中古屋**
居住成員	**長者夫妻**
建築形式	**大樓**
格局	**三房兩廳一廚三衛** ▶ **兩房兩衛+開放餐廚+客廳+開放娛樂室**

👁 Reform Point

before	房間數太多， 壓迫公共空間。	獨立廚房， 開放感不足。	主浴狹小， 不適長者使用。

after　取消一房，使主
　　　浴機能完善。

客房與廚房換位，衛
浴做雙向使用。

預備第三房零隔間，
形塑寬敞客廳。

設計師格局思考筆記

這是業主買來送給雙親的房子，接受設計委託時即表明希望能以兩位居住者的實際生活情況量身訂做。這個房子雖然不是新成屋，但購入時的屋況仍然維持第一手狀態，格局是以一般家庭使用為設想，配有三房與三間浴廁，房間數量對於兩人使用而言過多，也使通風採光扣分。設計訴求主要是希望尺度能盡量開闊，空間的互動性能更直接。兩名長者年紀約六十多歲，身體十分硬朗，但未來不太會再換屋，因此空間使用的時效性要拉得更長，甚至必須將未來使用輔具的可能性納入思考，在尺度上必須多加著墨，符合長者使用。

✓ 屋主需求清單

↘ 整體格局讓使用者可直接互動。
↘ 預留一間套房式的客房。
↘ 廚房與廁所的尺度要便於長者使用。

Step 1
第一次格局思考

設計師
思考

1️⃣ 大動作調整格局，將次臥與小廁所的空間讓出來，使主浴可以加大，增加陽台進光面。
2️⃣ 將廚房變成房間，依然享有後陽台的採光與通風。
3️⃣ 廚房外移，順勢將廚房加大，讓餐廳、廚房、客廳連成一氣。陽台出入口則改從原本窗戶進出。
4️⃣ 第三房使用彈性隔間，藉由架高平台連貫客廳，並且讓空間向戶外陽台延伸。

屋主
回應

Ⓐ 第三房的必要性有待商確。
Ⓑ 客廁與客用套房使用頻率較低，是否要投注這麼多預算？
Ⓒ 加了太多動作，整體開放度還不夠。

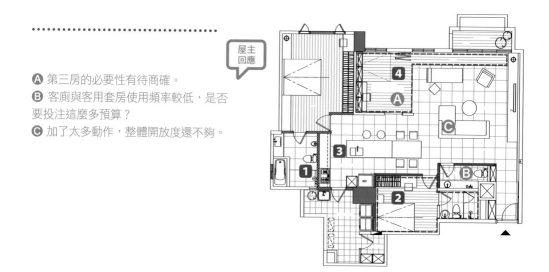

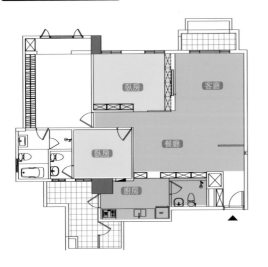

Start

before

NG1 ▶ 房間數不需要這麼
多，位在內側的房間採光也
不足。

NG2 ▶ 廚房受限於房間格
局很難開放，客廁由廚房進
出，感覺不衛生，動線也不
順。

NG3 ▶ 公共空間不夠開闊，
加上天花板、書櫃等大量木
作，感覺十分壓迫。

改造
重點

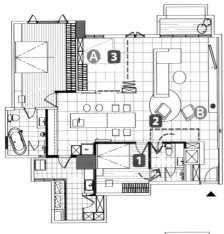

設計師
思考

Step 2
第二次格局思考

❶ 將客廁與客房浴室合併，採用雙向動線設計，可供客廳
與客房使用。

❷ 取消客廁，原本牆面突出情形獲得解決，改為一間廁所
後可讓廁所變得較大，公共空間減少稜角，視覺上穿透性
會更好。

❸ 檢討第三房的必要性，思考更加開放的調整方案，決定
少去地板高低動作，將鋪面材料一致延伸，增加開闊度。
並將隔間牆調整成摺門與拉門，平時維持開放，必要時可
以獨立使用。

屋主
回應

Ⓐ 第三房希望以家庭娛樂室的機能為主，但仍要
配備客房機能

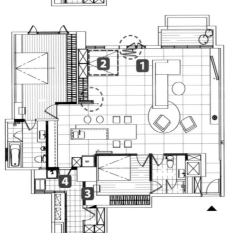

設計師
思考

Final

after

❶ 預計要隔起來的第三房，只保留天地預埋軌道的框架，
改用對角（摺門與滑門）隔間，取消中央固定門片的柱子。

❷ 衣櫃隱藏電動掀床，保留未來調整為房間的可能性。

❸ 陽台工作平台移位，避免干擾客房，同時將客房加大。

❹ 調整工作陽台配置，將水槽與工作平台、洗衣機集中。

運用手法 1.2.3，接續下頁 ▶

運用手法1.2.3

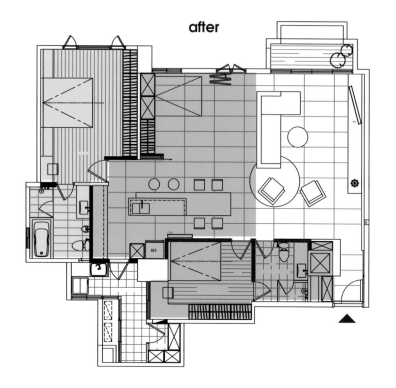

after

完成
重點

Point 1 ▶ 只保留主臥室，加大主浴空間，使各機能完整。

Point 2 ▶ 取消原本兩個房間，改為開放餐廚，第三房做為娛樂用途，僅預留隔間框架。

Point 3 ▶ 將客房移到廚房位置（陽台進出口也移位），客房衛浴合併客廁做雙向使用。

這個房子的居住者只有兩位長者，平常會使用的房間只有主臥，原格局設定有三個房間三間衛浴，閒置空間太多，擠壓公共空間，使尺度難以施展開來。經初步溝通，決定以兩房為設定，一房做為主臥，另一房預備給親友子女拜訪時使用，若將來需請看護照料，也能多出暫住的房間。

業主希望公共使用區不再有任何牆面，營造出親密且直接互動的開放場域。原廚房受到房間與客廁的箝制，即使敲除隔間牆，仍舊感覺閉塞。因此，設計師劉建翎將兩間次臥釋放出來，改變陽台進出動線，將廚房與客房的位置進行對調，中島結合餐桌所形成的帶狀順著動線方向，使廚房、餐廳、客廳連貫在一起。

若將使用時效再推移，銀髮族生活空間必須要將輔具列入思考，不只走道寬度皆大於90公分、主浴加大，主臥內也預留輔具可迴旋空間。除此之外，業主與設計師針對客用的第三房進行許久討論。業主希望短期內第三房可做為娛樂室使用，未來則可做為客房或第二臥房，應變兩夫妻將來生活作息改變，必須分房睡的可能（另一方面也考慮臥床照料的方便性）。經過多次推敲磨合，將來可能需要獨立的第三房，現況僅以天花板框架／滑門屏檔，框架內並預埋摺門軌道，而將來第三房需要隔間時，只要再加裝門片即可。

Point	室內材延伸
1	空間視覺向外溢出

室內材延伸空間視覺向外溢出 輕鬆氛圍 採光

房子樓高只有2米9，之前由於木作天花板關係，壓低了高度。客廳的設計著重在「刪除」的動作，除了必要的管道包樑外，客廳上方保留裸面，盡可能吊高尺度。客廳與陽台的關係，在不影響外觀情況下，敲除窗框兩側翼牆，使開窗加大1米，改善通風與採光。除此之外，將室內材料延伸到戶外，使整個空間更為開展。

陽台打開加大開窗
電視牆使用塗裝木皮板，牆面材料從玄關一直延伸，增加開闊度。移除天花板後，客廳達到最大淨高，並將陽台翼牆打開，使用落地窗，增加採光與空間感。

室內材延伸至室外
外牆丁掛磚使用水泥塗料抹平，呼應電視牆與磨石子平台，並將120公分×120公分石英磚鋪到陽台。

原本使用電視牆隔間的第三房，改以強化玻璃、木作打造懸浮框架，框架內預埋軌道，可使用滑門與摺門做對角隔間。房間內所需要的衣櫃機能，利用暗門手法隱藏起來，此外並隱藏一座電動掀床，使平時開放時感覺不像是一個房間，將來若必須變成獨立房間時，只要加裝摺門即可，其餘機能都已完備。

木牆隱藏衣櫃與掀床

衣櫃使用暗門隱藏起來，並結合一座電動掀床，保留未來調整為房間的可能性。

用懸吊框架靈活隔間

第三房預留軌道框架，將來可用對角滑門／摺門隔間，框架結合強化玻璃拉齊天花板落差，也有輕量化作用，開放時不會中斷空間感。

主臥最大問題在於廁所，考量長輩活動可以方便，因此所需要的尺度遠比一般家庭更要開闊。不僅走道與門寬的尺度都加大，預留空間可讓輔具通過、迴轉，甚至能直接推入看護病床。由於取消一個套房，讓主臥浴室可以加大，納入後陽台開窗，改善了採光效果。

納入開窗改善採光

原本廁所只有右邊高窗，可通風，但採光效果不佳，因為空間加大後納入了一扇窗，將小窗改為落地窗，加強採光效果。

Point 3
廚房與客房換位 打開空間尺度

收納　通風　動線

原本廚房受制於房間與客廁，難以開放。設計師打開採光不良的房間，將窗戶女兒牆下切，使後陽台進出改向，於是廚房與客房位置對調，客房同樣享有後陽台採光，而廚房外移與餐廳合併，使房間以外的使用空間都是全開放的。

雙扇門片，兩房共享
將使用機率較少的客房浴室與客廁合併，使廁所變得較大，並設計兩扇門片可供客廳與客房使用。

門片設計孔隙，加強通風
受限於管道無法位移太遠的客廁／客房浴室，缺乏自然通風，於是在門片加入錯開設計（直線條處）做為通風孔。白色鞋櫃下方也有通氣圓孔。

主浴機能分離獨立
針對長者需求，希望浴室使用機能都可以獨立，除了乾溼分離淋浴區、浴缸，甚至馬桶、小便斗都分開。

以空心磚砌牆隔間
原本廚房調整為客房，以10公分厚的空心磚重新砌牆隔間，立面減少修飾，反映材質原始樣貌，與天花環保夾板裸面直接呈現呼應。

■ 文字 / 李佳芳　空間設計＆圖片提供 / 六相設計研究室 劉建翎　TEL:02-2796-3201

環狀迴遊
擁抱親密無障礙的
家族之宅

坪數	**50坪**	
屋況	**老屋**	
居住成員	**固定3人+旅居國外親友返台時居所**	
建築形式	**大樓**	
格局	**四房兩廳+** **獨立廚房+** **兩衛+儲藏室** ▶	**三房+獨立書房兼客房+** **三衛+三廳+開放廚房+** **洗衣房+玄關**

◉ Reform Point

| 沒有玄關，公共空間未經妥善規劃。 | 陽台呈窄長型，難以使用。 | 走廊過長，客房太小。 | 浴室集中一側，缺乏客用廁所。 |

| > | after | 獨立洗衣房化解陽台困境。 | 櫃屏出玄關,迴遊動線串連客餐廚。 | 取消一房,加大餐廳與客房。 |

設計師格局思考筆記

這是個歷經三十年無人居住的老宅，由於屋主打算重新翻修舊居，再加上屋主親友家人長年居住國外，返台時大多居住在飯店，缺乏與國內家人長時間相處的親密空間，因此興起了整修此閒置屋舍的念頭。原始平面呈ㄇ字型，由長長的走道銜接左右兩部分，由於中間區域的深度不足，使得客房與書房過於狹小。除了缺乏玄關外，浴室設計也有很大問題，兩間浴室都集中在一側，所有人都要走過窄長的走廊才能使用，相當不方便；而平面周邊有很長的陽台，但寬度僅有65公分，僅容單人行走，迴身交會都很不便，難以使用。此外，屋主與兩位長者同住，格外要求無障礙的生活動線設計。

✓ 屋主需求清單

↘ 假日可容納10～20人的讀經活動。
↘ 長輩需要獨立書房與無障礙生活空間。
↘ 親友家人回國可住，能容納2～3個家庭。

Step 1
第一次格局思考

設計師思考

1 利用櫃坪區隔出玄關與餐廳，形成左右動線，使兼具走廊機能。
2 將狹窄的陽台納入，使走廊上的兩個房間變大。書房牆面退縮設計展示台，下半部為透空處理，減少實體走廊長度，在視覺上減壓。
3 廚房移到原本餐廳位置，改為開放式設計，並將不好用的陽台內退，變成一間洗衣房。測量時發現儲藏室有管道間，在此新增一間客廁，並利用洗衣陽台通風。
4 前陽台用衣櫃一分為二，調整客廳深度與寬度，並增加一間雙人客房。
5 門的位置外移，增加第二間套房，使房子至少可容納兩家庭共同使用。

屋主回應

Ⓐ 公共空間的座位數增加，希望有打麻將的地方。
Ⓑ 房間可以減少，但爺爺的書房一定要保留。
Ⓒ 由於管委會改變決議政策，不得申請陽台外推。

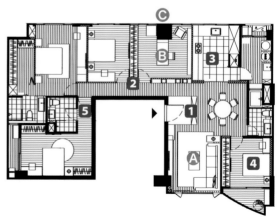

before

Start

改造
重點

NG1 ▶ 沒有玄關空間，開門即見客廳，且客廳空間尺度過大。

NG2 ▶ 陽台寬僅 65 公分，不方便使用，因此造成浪費。

NG3 ▶ 銜接平面左右的走廊太長，位在走廊上的兩個房間過於狹小。

NG4 ▶ 浴廁集中在平面左半部，造成客人必須進到內部才能使用，影響生活隱私。

after

Final

設計師
思考

❶ 保留洗衣房設計，由於陽台退回，為了讓書房空間舒適，取消廁所的淋浴功能。

❷ 廚房改為雙一型，並結合餐廳，將玄關後設定為便餐區，也可以做為麻將桌，兩張桌面都與廚房關係密切。

❸ 走廊上兩房間合併為一間較大的客房，取消第二間套房設計，將浴室釋放出來供兩間次臥使用，仍具有套房機能。

❹ 書房增加衣櫃，增加一張沙發床，必要時仍然可有客房功能。

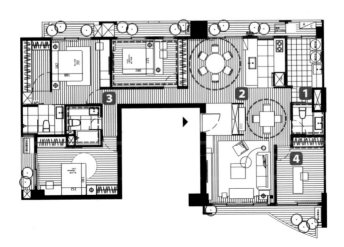

運用手法 1.2.3，接續下頁 ▶

after

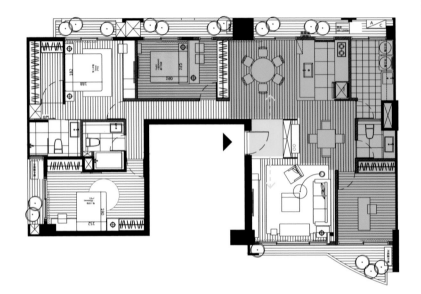

完成
重點

Point 1 ▶ 雙動線玄關打造可迴遊的無障礙空間。

Point 2 ▶ 陽台內退延展成獨立洗衣房,增加客廁、書房設計。

Point 3 ▶ 中島型開放廚房可同時照料餐廳與便餐區。

Point 4 ▶ 取消一房,加大客房與餐廳。

　　由於屋主親友家人常年居住在不同國家,生活習慣差異大,為了統籌大家的意見,從初步設計到定案大約花費近一年時間,歷經社區管委會兩次決議,陽台從允許外推到不得變更,使得兩次設計方案出現**180**度的大逆轉。

　　這個房子兼具住所與飯店功能,設計時所遇到最頭痛的問題便是這個空間是給「不特定的成員使用」。平常的居住人口雖然只有三人(屋主、爺爺、奶奶),但每逢長假會有親友攜家帶眷歸國暫居、周末則有教友讀經會,使用人口數落差極大,屋主希望公共空間要以能容納**20**人做為考量。因此,設計師黃鈴芳藉由櫃屏切出玄關與便餐區,將獨立廚房外移結合餐廳,藉由迴遊動線將每個功能獨立的公共空間緊密地融合在一起,同時讓前後採光與通風得以自由穿梭。狹窄且長的陽台對應各空間進行分割,使每個房間享有自然條件之餘,也能保有隱私;並將原本廚房外的陽台向室內退縮,打造出一間寬敞的洗衣房,滿足家事工作與儲藏需求。

　　將原本四房調整為三房加一間書客房,取消走廊上的一個房間,換取較大的客房與用餐空間,同時縮短走廊距離。為了體貼家中長輩移動的便利性,從玄關到房間、浴室皆不設門檻,加上低檔度光源設計,於夜間可以照明導引動線。

| Point 1 | 玄關雙動線
光與風自由流動 | 風水　動線
坪效　採光　通風 |

改變一般獨立玄關做法，將鞋櫃化為玄關的屏風，加上大理石拼花地坪，塑造出玄關意象，反向則界定出便餐區。此種玄關的做法，最大好處是可避免獨立空間打斷採光與通風，同時賦予玄關第二重身分，成為溝通客廳與餐廳的走道機能，兼具坪效、動線、通風、採光等優點。

櫃屏切出雙動線玄關

玄關用櫃屏與鋪面材質界定，從客廳到餐廳不用經過便餐區，地坪選用適合落塵區、易清理的材質。

造型天花圍塑客廳

客廳與玄關、便餐區沒有實體的牆面區隔，藉由圓形天花板圍塑，來暗示區域性。

櫃體加深結合藝品展示

櫃屏刻意做深，正面玄關設計為鞋櫃，背面便餐區則設計成一個內凹牆，以造型活動櫃取代系統餐櫃，加上壁紙、收藏品等美化角落端景，避免全面高櫃產生壓迫感。

Point 2	半開放中島廚房 可同時照料雙餐區	動線 互動

原始廚房與餐廳各自獨立，使用上缺乏互動。由於屋主可接受開放式廚房，設計師將原本獨立廚房外移，加上走廊區取消一房，放大了餐廚可用空間，而廚房以中島吧台做半開放區隔，前面與側面分別接鄰圓形餐桌與方桌（兼麻將桌），可同時照料到兩者需求。圓形餐桌具有伸縮設計，可從6人座擴充為12人座的橢圓形，加上便餐區可坐4人，至多可容納16人同時用餐。

可促進交流的中島工作檯
將洗手檯設在中島上，面向餐廳準備料理，同時也可與用餐者互動；中島並增加一座小吧台，以防水滴潑濺。

廚房在中間，可雙側使用
廚房的位置具有兩側使用機能，無論是便餐區或正式的用餐區都能方便上菜。

Point 4	運用地排 移除門檻障礙	動線 收納 採光

長輩使用的主臥室缺乏更衣間，並且有一支巨大的樑住通過，壓低了樓高，讓整個空間感變得十分壓迫。設計師將樑下的內凹空間化為獨立更衣間，隱藏大樑，同時滿足收納需求。除此之外，考量長者行動方便，以及未來可能使用輔具的需求，因此走道特別加寬，並取消主臥浴室門檻，使動線無任何障礙。

Point 3　取消一房 縮減走廊長度

動線　採光　坪效

四間臥房集中在平面的左半部，為了溝通四個房間，因此形成又長又陰暗的走廊，空間感十分壓迫。設計師取消走廊上的其中一個房間，將書房移到客廳後方，減少走廊長度，並且讓過分狹小的客房獲得伸展。客房內，將雙人床背板結合書桌，成為一個半獨立的更衣間／閱讀區。此外，原本的陽台沒有隔間，次臥可以從室外連通到主臥，起居隱私互相干擾，此方面也對應房間進行改善。

夜間安心導引的感應光廊

取消一房縮短走廊長度，釋放出較大的餐區。走廊上設計地燈與感應式夜燈，夜晚長輩到廚房喝水不必摸黑前進。

床頭板結合書桌設計

床頭板可視為一座半高牆，將床架結合書桌，打造出精簡的更衣間／書房。

隱藏壓樑，增加更衣間

樑下畸零空間納入更衣間，將樑下增加局部天花，用來設計間接照明。

取消門檻打造無障礙空間

廁所位在平面中央，缺乏對外採光，將隔間牆換成乾溼分離的強化玻璃，並將門寬加大、取消廁所門檻，用長型地排取而代之，防止溼水外漏。

■ 文字／李佳芳　空間設計＆圖片提供／馥閣設計 黃鈴芳　TEL:02-2325-5019　228 / 229

隔間工法 & 建材

隔間的手法與材料相當多元，光是實壁就有不少工法可用，如紅磚、輕隔間、木作、陶粒磚、白磚等，每種材料有不同的優點，必須依照空間特性搭配使用，才能營造出舒適安全的居住空間。除了機能性的牆外，多功能隔間與裝飾隔間往往是設計師們施展空間魔法的祕寶，例如使用玻璃做成的牆，讓界定與採光看似相違背的矛盾條件，可以同時成立；而門的應用甚至延伸成「可移動的牆」，使單一空間可以分割，增加彈性使用性，若使用系統櫃取代實壁，還可增加牆面的收納機能！

實壁　塑造獨立隱私空間

（諮詢達人／同心綠能室內設計 徐葳涵 0926-345-957）

隔間牆的材料與工法有許多種，客觀來說，可分為乾式與濕式兩種。乾式隔間包含所有的輕隔間、木作、陶粒磚、白磚等，濕式隔間通常指砌磚抹牆或鋼筋混凝土（RC，通常用在外牆），而濕式輕隔間則是介於兩者之間。

近來常被討論輕隔間，原指用槽鐵（C型鋼）做骨架，使用石膏或矽酸鈣板封板而打造的牆，通常內填玻璃纖維或密度較高的岩棉達到隔音效果，具有價廉、質輕、施工快速的優點，如果施工方法正確，甚至可用在浴室隔間。輕隔間通常用在大型工程，如百貨商場或建築案，一般小型住家較少使用。近年來有不少木工師傅學習輕隔間工法，以小型槽鐵或角料為骨架，加上矽酸鈣板或石膏板封板、填充岩綿或玻璃纖維，做成輕隔間或木作輕隔間。

如果有隔音、防水需求的空間，建議使用隔音性較好的磚牆、白磚、陶粒磚，由於國內建築法針對住家空間，只規範外牆必須使用防火建材，對內壁的規範較為寬鬆，因此也有不少木作或直接用櫃體來隔間的手法。

紅磚

緻密而結實的黏土燒製而成，建材單價低，通常約20公分✕24公分大小，高約6公分。施工前必須有大量的紅磚與水泥搬運，因砌磚時為避免倒塌，必須分次施工，加上需等待乾燥時間，砌完後還需抹牆、批土，才能上漆，因此工期較長。

 優　建材單價低
隔熱、耐磨、防火、隔音性佳
可用在浴室

 缺　人工與搬運費用高
質地重使樓板負擔大
工序繁瑣且工期長
施工易汙染現場

■ 圖片提供／尤噠唯建築師事務所

 價　NT.6,500～8,000元／坪（含抹牆，搬運費另計，需另請專業挑工）

乾式輕隔間

以槽鐵或C型鋼，加上矽酸鈣板或石膏板組成，可添加隔音棉提升阻絕聲音效果。通常大量叫料，多用在大型建設，空間設計較少使用。

■ 圖片提供／李佳芳

 施工快速
價格低廉
減輕樓板荷重
變形率比木作小
內部方便裝設管路

 敲起來有空心感
隔音較差
不耐重

 NT.2,500～3,000元／平方米（超過50坪適用）

乾式輕隔間
（木作或小型槽鐵）

一般木作隔間多用此法，使用木骨架封石膏板，再填充岩綿或玻璃纖維。適用小型住家空間。變化性最高，可依照需求貼皮、造型，用來設計凹凸牆或結合櫃體。

■ 圖片提供／尤噠唯建築師事務所

 價格低廉
施工簡單（只要木工即可完成）
內部方便裝設管路

 敲起來有空心感
隔音防震效果差
極度不耐燃
木頭受潮易變形
不耐重

 NT.3,000～4,000元／坪

！輕隔間的封板要格外注意！
市面上的板材很多，舉凡甘蔗板、密底板、實木板、夾板、木心板、波麗板、Plywood板、OSP板等，通常只適合用來當成壁材、飾板或家具櫃體使用，因耐燃性與防水性不足，不可直接當成輕隔間牆或木作的封板，一定要以石膏板或矽酸鈣板封板後，再選擇喜愛的板材修飾。

濕式輕隔間

又名輕質灌漿牆隔間，乾式輕隔間不塞岩棉等填充材，而是灌入輕質水泥砂漿，提升隔音、防火或防震效果。

■ 圖片提供／李佳芳

 隔音效果較輕隔間好
隔音、防水性較佳
扎實度較接近磚牆

 較一般輕隔間重
澆灌施工易受制現場條件
耐重較磚牆差
用在小型空間成本高
日後拆除較麻煩

 NT.4,000～5,000元／坪（超過50坪適用）

陶粒磚
（輕質陶粒預鑄水泥板）

輕質黏土陶粒預鑄成型，為環保建材，質地類似空心磚，每塊寬約60～70公分、高約240公分，質輕，可依照設計現場裁切。鑄造時設計公母砌口，用專用黏著劑膠合，不需等待乾燥，不需抹牆，批土後即可上漆，施工快速。

■ 圖片提供／同心綠能室內設計

 施工快速
無空心感
隔音、隔熱、防火、防水效果
表面硬度高，可耐重、可穿管
垂直及平整度佳

 價格較高

 NT.5,000元／坪（搬運費另計，一場約1,500元）（10坪以上適用）

白磚

使用細沙預鑄成型，含水成分少，質地較陶粒磚更輕，每塊約30公分×60公分，厚度從6～30公分不等。砌法類似紅磚，但使用膠泥黏著，隔音、隔熱、防火性都較紅磚好。完成後不需抹牆，批土後即可上漆，施工快速。

■ 圖片提供／同心綠能室內設計

 施工快速
隔音、隔熱、防火、防水性佳
無空心感
耐重（但建議使用專用壁虎）
可用在浴室

 因沒有抹牆包覆，磚收縮乾裂
易顯現水平細紋（非結構性的
龜裂），在意者可再批過

 NT.3,500～4,000元／坪（搬運費另計，較低）

玻璃

玻璃為不可燃建材，玻璃有輕盈的質感，如選擇透明度玻璃，還可具有視覺穿透、放大空間的效果。使用來當隔間最好使用10mm以上之強化玻璃，如要提升安全性則可選擇膠合玻璃。

■ 圖片提供／直學設計

 厚度薄
透視效果可放大空間
具採光效果
易維護，不需粉刷油漆，
也不需擔心潮濕、防蟲問題防火

 費用高昂
缺乏隱私性
易撞到
大面積搬運不易

 NT.3,600元／坪（以10mm強化玻璃每才100元計算，不含外框。若使用一般鋁框約5,000～6,000元／坪）

門　空間靈活界定的手段

　　使用門或玻璃等材質替代隔間牆的手法，又稱為「裝飾隔間」或「多功能隔間」。針對使用門來隔間，以推門、滑門、摺疊門最常見。推門的隔音較好，但需要預留門迴旋的空間。滑門具有省空間的優點，出入口不需要預留門迴旋的空間，在不要求隔音的空間可以使用滑門；摺疊門則是具有靈活性，可收疊起來，開啟面積也大，通常用在平常希望打開、偶爾才需要密閉的空間。除此之外，還可搭配特殊五金，增加可動性與開闔角度，達到更靈活的應用。

滑門

■ 圖片提供／無有設計

| **木料** | 大多使用木料貼皮，韌性較好，通常不會矽酸鈣板或石膏板。 | 價 | NT.5,000 元／樘（80 公分×210 公分計算，不含框、軌道、安裝費） |
| **玻璃** | 優點依照選擇玻璃特性不同（可見玻璃單元），可分為有框、無框兩種，無框價格較高。 | 價 | NT.10,000 元／樘
NT.12,000 ～ 15,000 元／樘（L 對開型）（以 10mm 強化玻璃每才 100 元計算，含五金，不含軌道） |

摺疊門

■ 圖片提供／SW Design 思為設計

| **木料** | 視覺不穿透，隱私性較好，可有多種造型變化，但收起來的厚度會較厚。 | 價 | NT.7,000 ～ 8,000 元／樘（含安裝、框、軌道） |
| **玻璃** | 具有穿透性或透光性，即時關起來也能保持空間通透感，反之，適用範圍也有限。收起來較薄，選擇金屬框或無框，費用增加 2 ～ 3 成。 | 價 | NT.10,000 元／樘（以 10mm 強化玻璃每才 100 元計算，含一般五金與木框） |

萬向門 (牆)

■ 圖片提供／無有設計

萬向門（牆）需要配合萬向軌道、萬向輪使用，特色是可將門做大幅度的轉向與移動，能將多個處於固定區域的門，收納於單一收納區或分區收納，可使單一空間變化為多元空間。施工需要高等級木工技術，配合精密計算與專門五金使用，門片使用玻璃或木料都可，但不適合用實木，容易反翹變形。

價　視現場施工估價，費用通常較一般滑門多 2 ～ 3 成

推門

■ 圖片提供／六相設計研究室

推門最為常見，玻璃、木料都可用做推門，隔音效果會較滑門來得好。推門依照開啟程度可分為 90 度與 180 度兩種，若使用 180 度絞鏈費用約高出 3 ～ 5 成。

價　NT.8,000 元／樘（90 度開啟蝴蝶絞鏈）
NT.10,000 ～ 12,000 ／樘（180 度開啟絞鏈）

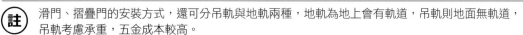

註　滑門、摺疊門的安裝方式，還可分吊軌與地軌兩種，地軌為地上會有軌道，吊軌則地面無軌道，吊軌考慮承重，五金成本較高。

　　玻璃建材屬於訂製品，沒有標準規格尺寸，估價必須依照設計圖想呈現的感覺與風格，去選擇適合的加工方式，例如烤漆、白磨、鏡面、色彩、壓花、噴砂、膠合等，各種表面處理方式可有不同的透視或透光效果。其次，玻璃的厚度則要視現場施工面積與安全性使用，面積越大的門窗或牆所需厚度越厚，若厚度不足得要分片處理，若考慮安全問題可再進行強化處理（註）。

註 強化玻璃系指經過熱處理的玻璃，破碎時較安全，除了鏡子外，大部分的玻璃、任何厚度都可進行強化處理。

黑玻

■ 圖片提供／成舍設計

玻璃上染黑色劑形成黑色透明玻璃，整片玻璃黑色透明。可強化。

 透光 透視

適用：門、窗、隔間牆

色板玻璃

■ 圖片提供／珥本空間設計

玻璃製造時調拌色料，呈現出綠色、藍色、茶色、灰色等，具有透光性與透視性。可強化。

 透光 透視

適用：門、窗、隔間牆

清玻璃

■ 圖片提供／珥本空間設計

完全透明的玻璃簡稱清玻璃，可依照現場條件選擇不同厚度或強化處理。

 透光 透視

適用：門、窗、隔間牆

壓花玻璃

■ 圖片提供／無有設計

製造時用滾筒雕刻花紋，具有透光不透視之功能，亦可創造各種不同的模糊光影。有些可強化，有些不可。

 透光 透視

適用：不可強化多用於門窗，可強化則可用在隔間牆。

霧面玻璃A.
卡典西德處理

■ 圖片提供／明代室內設計

在玻璃貼上半透明的卡典西德，可在玻璃牆或大面窗做局部不透明或各種圖樣變化，缺點是用久容易起泡。

 透光 透視

適用：門、窗、隔間牆

霧面玻璃B.
噴砂玻璃

■ 圖片提供／馥閣設計

又稱毛玻璃。一面和普通玻璃一樣平滑，另一面卻像砂紙一樣粗糙，但若沾水後水填進了粗糙部分，形成平滑水膜，透明度就會增加。

 透光 透視

適用：門、窗、隔間牆（不適合當濕室隔間）。

黑鏡 ■ 圖片提供 / 演拓 空間室內設計		黑玻璃背面加工水銀，鏡射效果較黑玻璃佳，但又不像明鏡般清楚。不可強化處理。		適用：壁材（玻璃底可隔開壁色）
烤漆玻璃 ■ 圖片提供 / 演拓 空間室內設計		透明玻璃背面經烤漆上色、撒蔥粉或做圖樣變化。玻璃底有色彩，鏡射效果較低。可強化處理。		適用：壁材（玻璃底可隔開壁色） （因有一面是油漆面，不適合當隔間牆）
白膜玻璃 ■ 圖片提供 / 德力 設計		膠合玻璃的一種，中間夾入白色的膜，可透光，但透光性差。	透光 透視	適用：門、窗、隔間牆

櫃　以櫃代壁，收納機能 UP！

諮詢達人／創空間 張詩佳 02-2709-0389）

　　系統櫃的主流板材有塑合板與發泡板兩種，經常使用還是以塑合板為主，特殊空間需要防水則可使用發泡板。通常系統櫃的深度約為60公分（依照各廠牌略有增減，但差異不大），高度可分為80公分、160公分、240公分；由於絞鏈孔徑的標準尺寸為3.2公分，因此系統櫃的寬度通常也是3.2公分的倍數。設計系統櫃時，每桶建議寬度不要超過120公分，以免門片跨距太大，用久了五金支撐疲軟，容易產生變形。

　　系統櫃用在室內設計上，不少有直接以櫃代替牆面的做法，優點是可以節省施作牆壁的費用與節省牆面厚度，但系統櫃的板料間有空隙，隔音性不佳。使用系統櫃取代牆面，建議在櫃背施作隔音層，大約增加6公分左右厚度（吸音棉4公分＋封板2公分）。另外，系統櫃若中間增加板料，以螺絲固定或以KD組件結合，便能做雙面櫃使用。

塑合板 ■ 圖片提供 / 馥閣設計		塑合板材是用松木絞碎加壓定型，表面再貼上美耐皿製成，可耐燃、低甲醛，可防潮濕，但不具耐水性，有多種顏色可挑選。	高櫃（深60公分、高240公分）NT.4,600元／尺 腰櫃（深60公分、高160公分）NT.3,200元／尺 矮櫃（深60公分、高80公分）NT.2,400元／尺
南亞PU發泡板 ■ 圖片提供 / 馥閣設計		由塑料發泡製成，主要成份為PVC，甲醛溢散濃度低於0.002。通常用在浴室櫃、廚具水槽櫃，抗潮與安定性佳，具隔音、耐燃、耐水特性，但變化性不高。	高60公分、深60公分，每公分90元（含門片）

基礎工程預算評估參考表

在圖面上設計是美好的，但再怎麼美好的夢想還是要回歸現實，先前章節提到了不少設計時可能遇到的空間限制；其實，「預算」也是設計的一大限制，手邊掌握多少預算，決定設計妥協的籌碼！

一般而言，破壞容易、重建難，打掉的牆越多，越要花更多的費用建造新牆或整理。如果遇到需要隔局大改的狀況，基礎工程經常佔了總預算的1/3，因此調整格局時，該打掉哪裡、該留哪裡都要算個精確。甚至，基礎工程的費用已經無法再降低，則必須從建材（請見P230隔間工法&建材）反推施工法，來思索降低成本的方法，如此一來才能把預算花在刀口上！

（諮詢專家／金時代開發國際有限公司 黃世文 02-2719-8068、0915-878-131）

拆運	拆除牆面	價 NT.2,000 ～ 3,000 元／場	註①
	垃圾清運	價 NT.3,000 ～ 3,500 元／車	
窗	重新開窗／室內切牆 （不含鋁門窗與水電）	價 NT.10,000 元／窗	註②
	原窗更新 （180公分✕150公分計算，含泥作填縫）	價 一般鋁門窗 NT.5,000 ～ 6,000 元／窗 氣密窗約 NT.15,000 ～ 20,000 元／窗	
地板工程	拆除＋清運＋施工 （60✕60拋光石英磚計算）	價 NT.5,500 ～ 6,500 元／坪	
天花板工程	以矽酸鈣板計價	價 NT.3,000 ～ 3,500 元／坪	
水電工程	水路更新 （打牆＋配管）	價 約 NT.12,000 ～ 15,000 元（10坪內） 約 NT.20,000 ～ 25,000 元（11～20坪） 約 NT.45,000 ～ 50,000 元（21～30坪）	
	電路更新 A. 原管路抽換	價 約 NT.12,000 ～ 15,000 元（10坪內） 11～20坪，約 NT.20,000 ～ 35,000 元 21～30坪，約 NT.30,000 ～ 40,000 元	
	電路更新 B. 打牆配新管 （含泥作修補）	價 約 NT.20,000 ～ 30,000 元（10坪內） 11～20坪，約 NT.40,000 ～ 45,000 元 21～30坪，約 NT.55,000 ～ 65,000 元	

註1 全室拆除可與建材進場配合

拆除以「場」計費，大樓型住宅通常只需要一場，只有在透天別墅才可能用到兩場以上。如果有特別拆除（切牆）價錢會較高。有無電梯的計價不同。若清運量很多，可考慮連同進場建材請吊車一次處理，可兩相比價後評估採用。

浴室	泥作工程 （深 220 公分╳寬 150 公分╳樓高 230 公分計算，含拆清、防水、粉底、貼磚工資）	價	NT.50,000 ～ 60,000 元／間　　　　註③
	地壁磁磚（國產）	價	NT.2,000 ～ 3,000 元／坪
	水電管移位 （深 220 公分╳寬 150 公分╳樓高 230 公分計算）	價	NT.18,000 ～ 20,000 元／間
廚房	240公分廚具及基本設備計算 （含國產磁磚與PVC天花板）	價	NT.115,000 ～ 135,000 元／ 2.5 坪內
粉刷	粉刷工程（1 底漆 +2 面漆）	價	NT.500 ～ 700 元／坪
	水泥漆粉刷工程（新牆面與新天花板，打磨 +1 底漆 +2 面漆）	價	NT.750 ～ 950 元／坪
清潔	空屋清潔（全室計價）	價	約 NT.5,000 ～ 6,000 元（10 坪內） 約 NT.6,000 ～ 10,000 元（11 ～ 20 坪） 約 NT.8,000 ～ 12,000 元（21 ～ 30 坪）

備註：
本表僅供參考，統計期間為 2012 年 12 月，以大台北地區住宅估算
天花板、浴室、廚房、窗戶等工程，依照使用建材、五金、設備、鋪面而有不同價差

(註2) 切牆要注意鄰里關係
　　外牆開窗與室內切牆的費用差不多，但注意要點不同。外牆施工要注意並非所有住宅都能施工，注重整體性的公寓或大樓一定得經過管委會同意。室內切牆則要配合水電工程，一般切牆會將原管線切割廢棄，然後再從總電箱另外拉線，水電通常以全室估價。

(註3) 浴室位移糞管是關鍵
　　浴室泥作通常是業主或設計師選購好磁磚，交給泥作師傅施工，所以泥作僅包含貼磚工資，不包含選磚與建材費。一般大樓水管跟電路移位問題不大，通常配合泥作埋管，唯獨糞管移位視平面狀況，可有只好幾種處理方式：
1.開挖地板：只出現在房子位在沒有地下室的一樓，可以開挖地板埋管。
2.墊高處理：位移距離不遠的時候可用，距離如果太遠墊太高，易造成不合人體工學的高低差。糞管墊高的價差可以10公分做為分割，直接將糞管放在地板上直接泥作，墊高會在10公分以上；如果不想要墊超過10公分，可請師傅在地板稍微洗溝，費用約增加NT.3,000元。
3.壁掛式：通常出現在乾坤大挪移的格局，可將糞管藏在木作牆壁裡，通常配合壁掛馬桶或快速碎化馬桶使用。不過，糞管必須有洩水的斜度，糞管位移越遠，糞管的最高點也越高。此外，糞管沖水聲不小，如果走木作牆一定要做隔音或盡量避開臥房。
4.繞外牆：不想經過室內，也可以走外牆，同樣要注意洩水坡度，但繞外牆也經過管委會許可。
5.管道間：如果馬桶位移的位置恰好在管道間附近，也可以配合壁掛馬桶，從管道間改糞管，不過施工要格外小心磚塊掉落，避免砸破下方住戶的水管。施工完畢要確實以水泥封填，避免氣味散出。

原點出版 Uni-books

視覺│藝術│攝影│設計│居家│生活　閱讀的原點

Plus 一

藝術－Plus	設計－Plus	Plus－life
人與琴	當代設計演化論	湯自慢
看藝術學思考	和風經典設計100選	家有老狗有多好？
建築的法則	設計・未來	住進光與影的家
看見西班牙，看見當代建築的活力	書設計・設計書	老空間，心設計
世界頂尖博物館的美學經濟	東京視覺設計關鍵詞	和風自然家in Taiwan
看見理想國	不敗經典設計	找到家的好感覺
戲劇性的想像力	時尚傳奇的誕生	這樣裝潢，不後悔
走進博物館	打動七十億人的設計	日雜手感家
藝術打造的財富傳奇	這樣玩，才盡「性」	健康宅
用零用錢，收藏當代藝術	設計的法則〔增訂版〕	
當代建築的靈光	用台灣好物，過幸福生活	
建築的性格	設計的方法	
博物館蒐藏學	靈感時代	
當代舞蹈的心跳	產品設計，怎麼回事	
當代花園的奇境		

On 一

On－artist	On－designer	On－大師開講
我旅途中的男人。們。	設計大師談設計	設計是什麼
給不讀詩的人	劇場名朝	光與影
一起活在牆上	日本設計大師力	建築的危險
等待卡帕	雜誌上癮症	商業的法則
我依然相信寫真	找到你的工作好感覺	好電影的法則
荒木經惟・寫真＝愛	佐藤可士和的超設計術	料理的法則
森山大道・我的寫真全貌		

In－

In—life	In—art	In－creative
阿姆斯特丹・我的理想生活	寫給年輕人的西洋美術史1: 畫說史前到文藝復興	安迪沃荷經濟學
百年好店	寫給年輕人的西洋美術史2: 畫說巴洛克到印象派	酷效應
樂在原木生活	寫給年輕人的西洋美術史3: 畫說立體派到現代藝	東京視覺設計IN
放鬆・together	360度看見梵谷	北歐櫥窗
	360度發現高更	成功創意,不請自來
	360度夢見夏卡爾	小習慣,決定你要哪一種人生
	360度愛上莫內	
	360度感覺雷諾瓦	

Do －

Do－art	Do－design	Do－life
數位黑白攝影的黑白暗房必修技	平面設計創意workbook	找到家的色彩能量
玩攝影	穿出你的魅力色彩	這樣隔間,不後悔
拍不出新角度? 玩點不一樣的吧!	輕鬆玩出網頁視覺大格局	
做個風格插畫家	做個平面設計師	
如何畫得有意思	好LOGO,如何好?	
	好設計,第一次就上手	
	配色大師教你穿出你的魅力色彩	
	視覺溝通的文法	
	視覺溝通的方法	

這樣隔間，不後悔

從動線、坪效、採光、收納到家人相處，
只要做對8件事，你會感謝自己一輩子！

採訪編輯□李佳芳、魏賓千

美術設計□讀力設計
插　　畫□黃雅方
執行編輯□李佳芳
企畫編輯□莊雅雯

行銷企劃□郭其彬＋王綬晨＋夏瑩芳＋邱紹溢＋呂依緻＋張瓊瑜＋陳詩婷
總 編 輯□葛雅茜
發 行 人□蘇拾平

出　　版□原點出版 uni-Books
　　　　　Facebook：Uni-Books原點出版
　　　　　Email：uni.books.now@gmail.com
　　　　　台北市105松山區復興北路333號11樓之4
　　　　　電話：（02）2718-2001　傳真：（02）2718-1258

發　　行□大雁文化事業股份有限公司
　　　　　台北市105松山區復興北路333號11樓之4
　　　　　24小時傳真服務（02）2718-1258
　　　　　讀者服務信箱 Email：andbooks@andbooks.com.tw
　　　　　劃撥帳號：19983379
　　　　　戶名：大雁文化事業股份有限公司

香港發行□大雁(香港)出版基地·里人文化
　　　　　地址：香港荃灣橫龍街78號正好工業大廈22樓A室
　　　　　電話：852-24192288　傳真：852-24191887
　　　　　Email：anyone@biznetvigator.com

初版1刷□2013年6月　　初版10刷□2021年9月

定　　價□390元
ISBN□978-986-6408-73-1

國家圖書館出版品預行編目(CIP)資料

這樣隔間,不後悔 / 原點出版著. -- 初版. -- 臺北市
　：原點出版：大雁文化發行, 2013.06
　240 面；17×23 公分
　ISBN 978-986-6408-73-1(平裝)

1.家庭佈置 2.室內設計 3.空間設計

422.5　　　　　　　　　　　　　102004353